Gerhard Fasching

Sternbild-, Mond- und Planetenkalender
1991–1992

Springer-Verlag Wien New York

Univ.-Prof. Dipl.-Ing. Dr. Gerhard Fasching
Institut für Werkstoffe der Elektrotechnik
Technische Universität Wien, Wien, Österreich

Das Werk ist urheberrechtich geschützt.
Die dadurch begründeten Rechte, insbesondere die der Übersetzung, des Nachdruckes, der Entnahme von Abbildungen, der Funksendung, der Wiedergabe auf photomechanischem oder ähnlichem Wege und der Speicherung in Datenverarbeitungsanlagen, bleiben, auch bei nur auszugsweiser Verwertung, vorbehalten.

© 1990 by Springer-Verlag/Wien

Mit 3 Abbildungen und 24 Karten

ISBN-13:978-3-211-82233-3 e-ISBN-13:978-3-7091-9111-8
DOI: 10.1007/978-3-7091-9111-8

Gedruckt auf säurefreiem Papier

Wie man die Karten benützt und wie man sich am Sternenhimmel zurechtfindet

Der Sternbild-, Mond- und Planetenkalender wendet sich an jene Sternfreunde, die den Himmel gerne mit freiem Auge beobachten. Er gibt die am Himmel sichtbaren Sternbilder, die Stellung der hellen Planeten, die Stellung des Mondes und auch der Sonne vor dem Fixsternhintergrund der Sternbilder an.

In jeder Himmelskarte ist eine Kreislinie eingetragen, die die idealisierte Horizontlinie darstellt. Die Horizontlinie und die Himmelsrichtungen, die auf den Karten des Kalenders aufgezeichnet sind, helfen dem Beobachter die Himmelsobjekte zu identifizieren. Alles, was innerhalb der Kreislinie eingezeichnet ist, ist auch am Himmel zu sehen. Man hält hierzu die Himmelskarten derart vor sich hin, daß die gewünschte Himmelsrichtung am *unteren* Kartenrand zu lesen ist. Selbstverständlich kann man die Karte auch auf Zwischenwerte, wie Nord-Ost oder Süd-Ost einstellen. Der Mittelpunkt des kreisförmigen Kartenfeldes zeigt jenen Teil des Himmels, der genau über dem Betrachter liegt; der Kartenmittelpunkt bildet also den "Zenit" ab. Außerhalb der kreisförmigen Horizontlinie sind solche Sterne eingezeichnet, die für uns unter dem Horizont liegen, die zum Beispiel (soferne sie im Osten liegen) erst etwas später aufgehen, oder (soferne sie im Westen liegen) schon untergegangen sind, oder jene, die zufolge unserer geographischen Breite für uns überhaupt unsichtbar bleiben. Die Himmelskarten enthalten die hellsten Sterne und die Konturlinien, die zum Teil auch schwächer leuchtenden Sternen folgen, und die Bezeichnung der Sternbilder. Auch Namen bedeutender Sterne sind eingetragen.

Planeten, Mond und Sonne liegen am Firmament stets im Bereich der Ekliptik, das ist die in den Himmelskarten eingezeichnete ovale Bahn. Die Monatsübersichtstafeln geben an, in welchem Abschnitt der Ekliptik der betreffende Himmelskörper liegt. Die Planeten erkennt man am klaren Himmel im allgemeinen an ihrer ungewöhnlich starken Helligkeit (Ausnahme: Planeten, die nur knapp über dem oft dunstigen Horizont stehen) und an ihrem ruhigen Licht (Gegensatz: helle Fixsterne funkeln). Von den

Himmelskörpern sind zum gewählten Zeitpunkt nur jene sichtbar, die sich innerhalb der kreisförmigen Horizontlinie befinden. Außerhalb der kreisförmigen Horizontlinie liegende Sterne befinden sich außerhalb unseres Gesichtskreises, sie liegen für uns unter dem Horizont.

Die wichtigsten Sternbilder, nach denen wir uns im allgemeinen als erstes orientieren, sind für uns jene, die in der Nähe des Polarsternes liegen, denn sie sind das ganze Jahr hindurch zu sehen. Der Polarstern bleibt in seiner Lage praktisch unverändert am nördlichen Himmel sichtbar, während die Sternbilder in seiner Nachbarschaft im Lauf der Zeit den Polarstern umkreisen. Wenn man sich nach Norden wendet, so zeigt sich im Jänner um 22 Uhr am Himmel ein Sternmuster, welches man mit Hilfe der Abbildung 1 bald identifizieren kann.

Ich habe das bekannteste Sternbild – den Großen Wagen – durch Konturlinien hervorgehoben. Eine strichpunktierte Linie zeigt, wie man den Polarstern findet. Der Polarstern ist der hellste Stern des Kleinen Wagens (= Kleiner Bär), dessen Konturen in der Abbildung 2 jetzt gleichfalls hervorgehoben wurden. Zwischen dem Großen und dem Kleinen Wagen windet sich der Drache. Man sucht am besten zuerst die drei Sterne auf, die seinen geöffneten Rachen markieren, und folgt dann dem geschlungenen Körper.

Ein besonders markantes Sternbild ist die Kassiopeia (Abb. 3), wo helle Sterne ein deutliches M oder W am Himmel bilden. Der Kassiopeia benachbart sind auch der Perseus und der Fuhrmann zu sehen. Der Große Wagen wird auch Großer Bär genannt – ich habe in Abbildung 3 die betreffenden Konturlinien jetzt ergänzt.

Von diesen Sternbildern ausgehend, wird man die anderen mit Hilfe des Sternbildkalenders bald auffinden können. Schwache und unscheinbare Sternbilder wird man allerdings erst mit einiger Übung entdecken können.

Im zweiten Teil des Kalenders zeigen zwölf Himmelskarten den Sternenhimmel, wie er bei besonders günstigem Wetter mit bloßem Auge zu sehen ist. Die Sterne wurden hier nicht mehr durch Verbindungslinien zu Sternbildern zusammengefaßt; man wird die Bildkonfigurationen durch Vergleich mit den vorherigen Karten aber nach kurzer Übung zu einem Großteil erkennen. Kleine Quadrate markieren besonders schöne Sternhaufen, Gasnebel und Galaxien, die mit einem Feldstecher und zum Teil sogar fürs bloße Auge sichtbar sind.

Ich hoffe, daß dieser kleine Kalender Freude macht und daß er den wunderschönen Sternenhimmel näherbringt. Er wird im Zweijahreszyklus herauskommen und auch über den zukünftigen Stand von Mond und Planeten unterrichten.

Gerhard Fasching

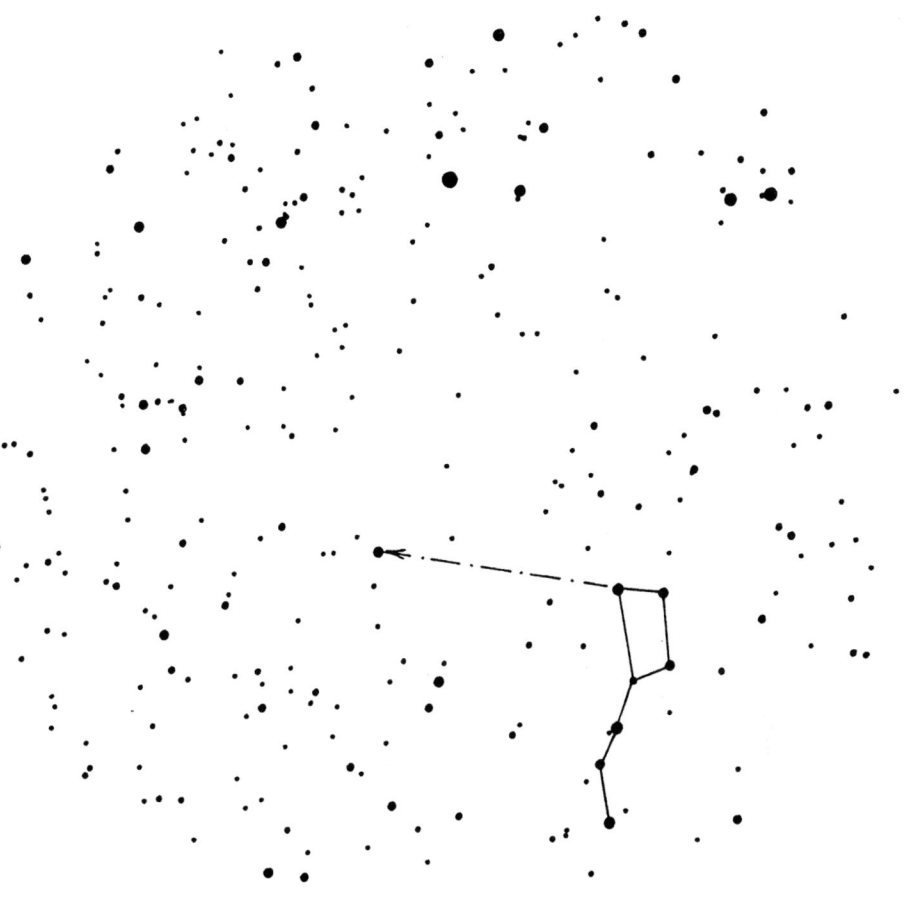

Abb. 1

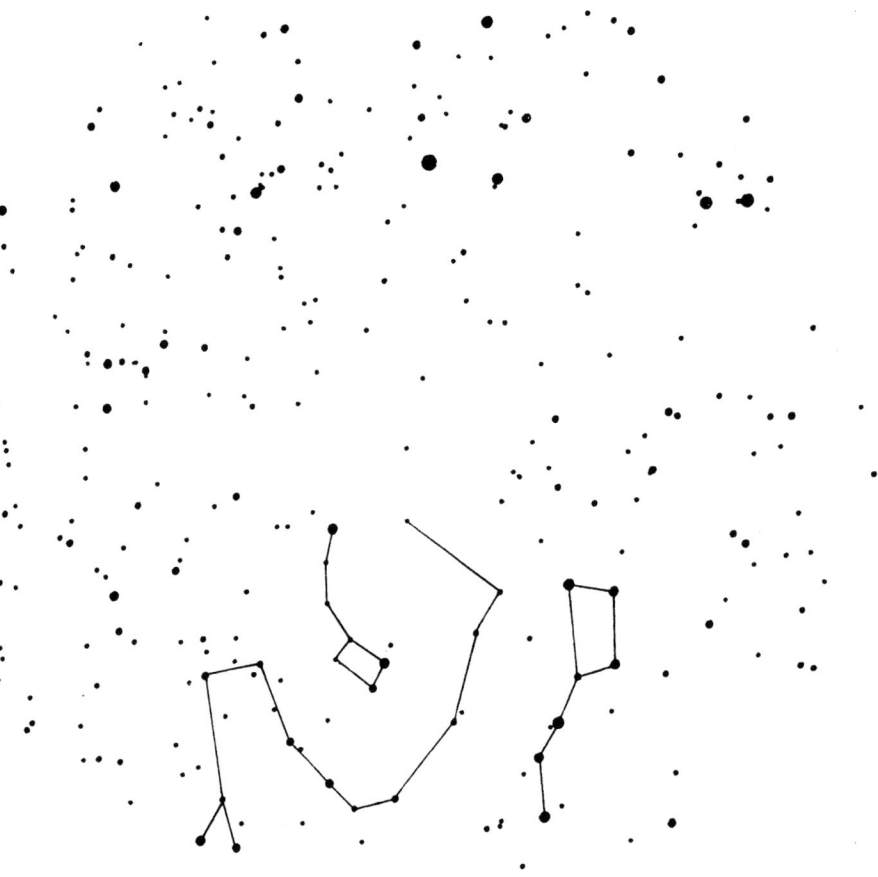

Abb. 2

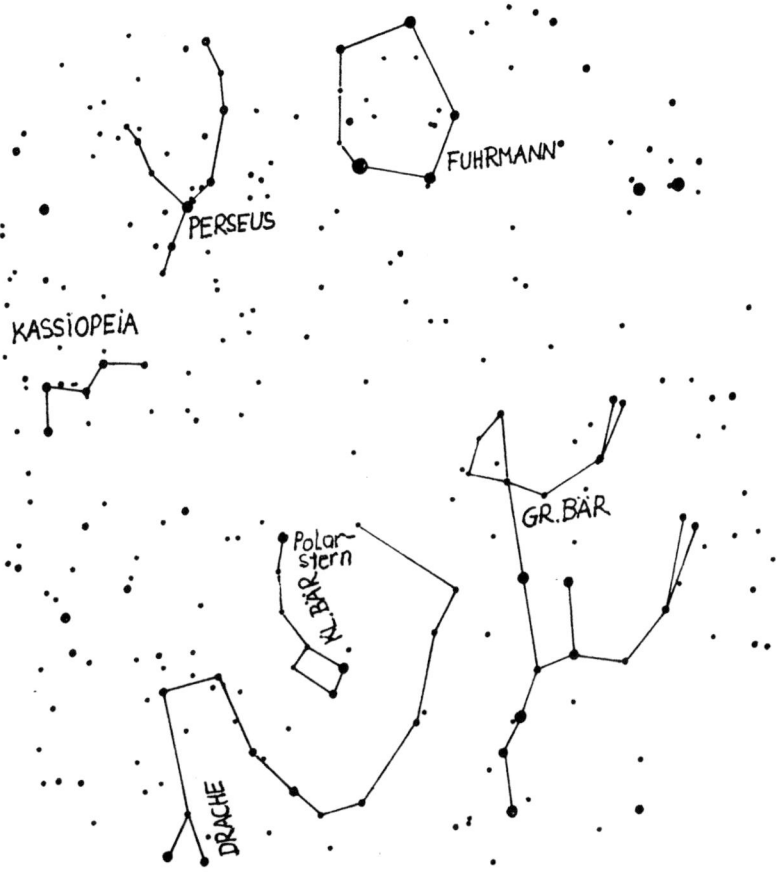

Abb. 3

JÄNNER

In den Jännernächten sind folgende Himmelskarten heranzuziehen:

1. Jänner	**15. Jänner**
Abendhimmel	Abendhimmel
18 Uhr Karte 11	19 Uhr Karte 12
20 Uhr Karte 12	21 Uhr Karte 1
22 Uhr Karte 1	23 Uhr Karte 2
24 Uhr Karte 2	1 Uhr Karte 3
2 Uhr Karte 3	3 Uhr Karte 4
4 Uhr Karte 4	5 Uhr Karte 5
6 Uhr Karte 5	Morgenhimmel
Morgenhimmel	

Planeten, Mond und Sonne liegen am Firmament stets im Bereich der Ekliptik, das ist die in den Himmelskarten eingezeichnete ovale Bahn. Die unten stehende Tabelle gibt an, in welchem Abschnitt der Ekliptik der betreffende Himmelskörper liegt.

1991	1. JAN	5. JAN	10. JAN	15. JAN	20. JAN	25. JAN
Sonne	280	284	289	294	299	305
Mond	103	161	224	283	345	53
Venus	295	300	306	312	319	325
Mars	58	58	58	59	60	61
Jupiter	132	132	131	130	130	129
Saturn	296	296	297	297	298	299

1992	1. JAN	5. JAN	10. JAN	15. JAN	20. JAN	25. JAN
Sonne	280	284	289	294	299	304
Mond	236	284	344	47	121	194
Venus	240	245	251	257	264	270
Mars	264	267	270	274	278	282
Jupiter	165	165	164	164	164	164
Saturn	306	306	307	307	308	309

Von den Himmelskörpern sind zum gewählten Zeitpunkt nur jene sichtbar, die sich innerhalb der kreisförmigen Horizontlinie befinden. Außerhalb der kreisförmigen Horizontlinie liegende Sterne befinden sich außerhalb unseres Gesichtskreises, sie liegen für uns unter dem Horizont.

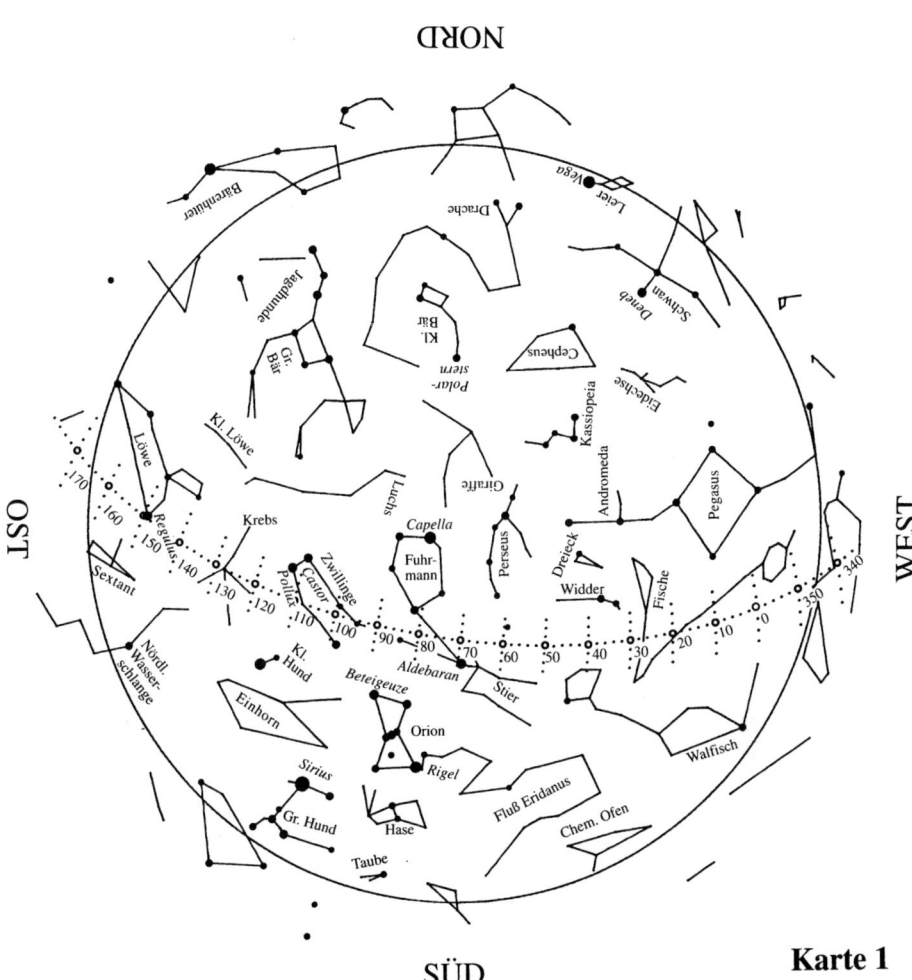

Karte 1

FEBRUAR

In den Februarnächten sind folgende Himmelskarten heranzuziehen:

	1. Februar	15. Februar
	Abendhimmel	Abendhimmel
	18 Uhr Karte 12	19 Uhr Karte 1
	20 Uhr Karte 1	21 Uhr Karte 2
	22 Uhr Karte 2	23 Uhr Karte 3
	24 Uhr Karte 3	1 Uhr Karte 4
	2 Uhr Karte 4	3 Uhr Karte 5
	4 Uhr Karte 5	5 Uhr Karte 6
	6 Uhr Karte 6	Morgenhimmel
	Morgenhimmel	

Planeten, Mond und Sonne liegen am Firmament stets im Bereich der Ekliptik, das ist die in den Himmelskarten eingezeichnete ovale Bahn. Die unten stehende Tabelle gibt an, in welchem Abschnitt der Ekliptik der betreffende Himmelskörper liegt.

1991	1. FEB	5. FEB	10. FEB	15. FEB	20. FEB	25. FEB
Sonne	312	316	321	326	331	336
Mond	155	208	268	329	36	106
Venus	334	338	345	351	357	3
Mars	63	64	66	68	70	72
Jupiter	128	128	127	126	126	125
Saturn	299	300	300	301	301	302

1992	1. FEB	5. FEB	10. FEB	15. FEB	20. FEB	25. FEB
Sonne	311	315	320	326	331	336
Mond	281	329	30	99	174	242
Venus	278	283	289	295	302	308
Mars	287	290	294	298	301	305
Jupiter	163	163	162	161	161	160
Saturn	309	310	311	311	312	312

Von den Himmelskörpern sind zum gewählten Zeitpunkt nur jene sichtbar, die sich innerhalb der kreisförmigen Horizontlinie befinden. Außerhalb der kreisförmigen Horizontlinie liegende Sterne befinden sich außerhalb unseres Gesichtskreises, sie liegen für uns unter dem Horizont.

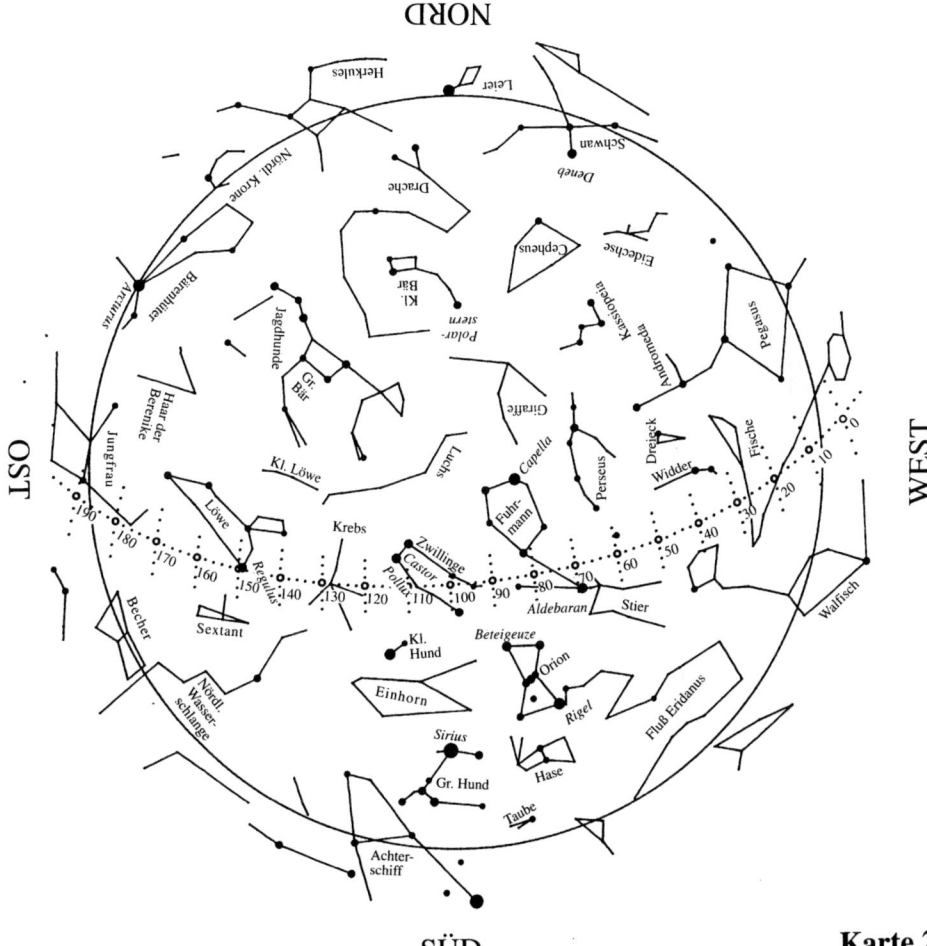

Karte 2

MÄRZ

In den Märznächten sind folgende Himmelskarten heranzuziehen:

	1. März	15. März
	Abendhimmel	Abendhimmel
	18 Uhr Karte 1	19 Uhr Karte 2
	20 Uhr Karte 2	21 Uhr Karte 3
	22 Uhr Karte 3	23 Uhr Karte 4
	24 Uhr Karte 4	1 Uhr Karte 5
	2 Uhr Karte 5	3 Uhr Karte 6
	4 Uhr Karte 6	5 Uhr Karte 7
	6 Uhr Karte 7	Morgenhimmel
	Morgenhimmel	

Planeten, Mond und Sonne liegen am Firmament stets im Bereich der Ekliptik, das ist die in den Himmelskarten eingezeichnete ovale Bahn. Die unten stehende Tabelle gibt an, in welchem Abschnitt der Ekliptik der betreffende Himmelskörper liegt.

1991	1. MRZ	5. MRZ	10. MRZ	15. MRZ	20. MRZ	25. MRZ
Sonne	340	344	349	354	359	4
Mond	163	216	276	337	46	117
Venus	8	13	19	25	31	37
Mars	74	76	78	80	83	85
Jupiter	125	125	124	124	124	124
Saturn	302	303	303	304	304	305

1992	1. MRZ	5. MRZ	10. MRZ	15. MRZ	20. MRZ	25. MRZ
Sonne	341	345	350	355	360	5
Mond	302	350	53	123	196	262
Venus	314	319	325	331	337	344
Mars	309	312	316	320	324	328
Jupiter	160	159	158	158	157	157
Saturn	313	313	314	314	315	315

Von den Himmelskörpern sind zum gewählten Zeitpunkt nur jene sichtbar, die sich innerhalb der kreisförmigen Horizontlinie befinden. Außerhalb der kreisförmigen Horizontlinie liegende Sterne befinden sich außerhalb unseres Gesichtskreises, sie liegen für uns unter dem Horizont.

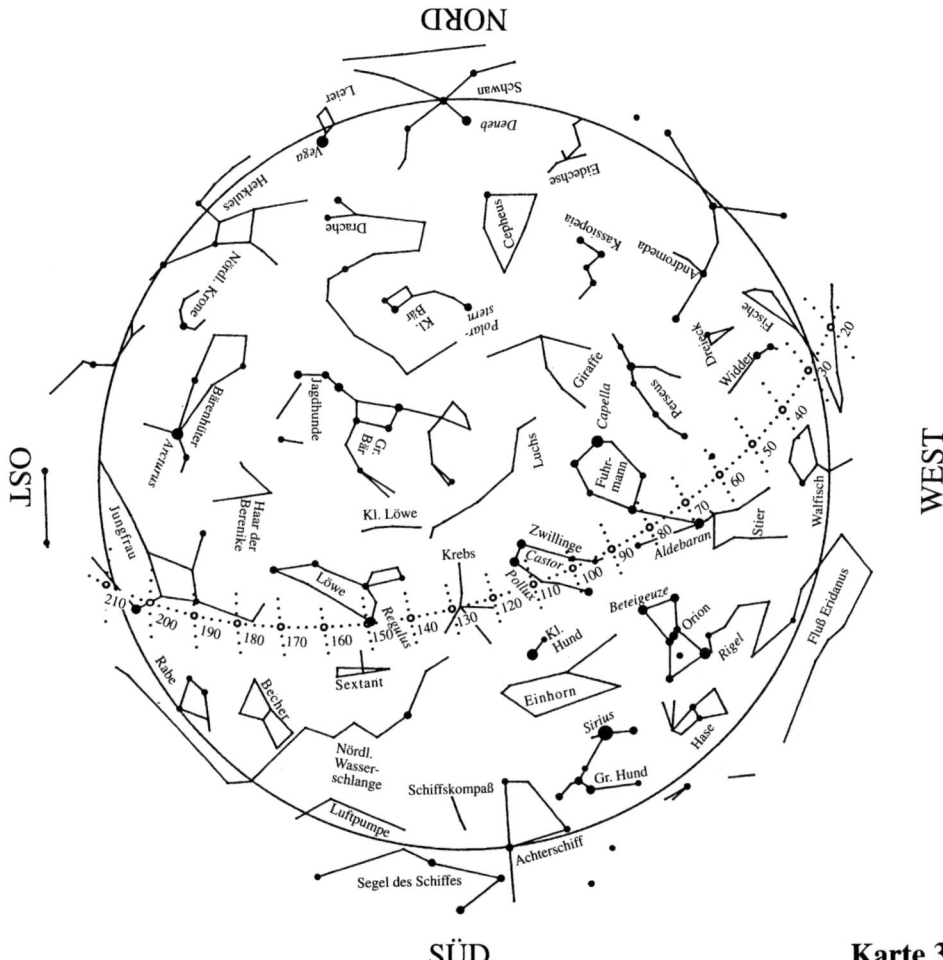

Karte 3

APRIL

In den Aprilnächten sind folgende Himmelskarten heranzuziehen:

1. April	15. April
Abendhimmel	Abendhimmel
(Sommerzeit)	(Sommerzeit)
21 Uhr Karte 3	22 Uhr Karte 4
23 Uhr Karte 4	24 Uhr Karte 5
1 Uhr Karte 5	2 Uhr Karte 6
3 Uhr Karte 6	4 Uhr Karte 7
5 Uhr Karte 7	Morgenhimmel
Morgenhimmel	

Planeten, Mond und Sonne liegen am Firmament stets im Bereich der Ekliptik, das ist die in den Himmelskarten eingezeichnete ovale Bahn. Die unten stehende Tabelle gibt an, in welchem Abschnitt der Ekliptik der betreffende Himmelskörper liegt.

1991	1. APR	5. APR	10. APR	15. APR	20. APR	25. APR
Sonne	11	15	20	25	29	34
Mond	211	260	320	27	99	168
Venus	45	51	56	62	68	74
Mars	89	91	94	96	99	102
Jupiter	124	124	124	124	124	125
Saturn	305	305	306	306	306	306

1992	1. APR	5. APR	10. APR	15. APR	20. APR	25. APR
Sonne	12	15	20	25	30	35
Mond	346	37	104	176	245	306
Venus	352	357	3	10	16	22
Mars	333	336	340	344	348	352
Jupiter	156	156	155	155	155	155
Saturn	316	316	317	317	317	318

Von den Himmelskörpern sind zum gewählten Zeitpunkt nur jene sichtbar, die sich innerhalb der kreisförmigen Horizontlinie befinden. Außerhalb der kreisförmigen Horizontlinie liegende Sterne befinden sich außerhalb unseres Gesichtskreises, sie liegen für uns unter dem Horizont.

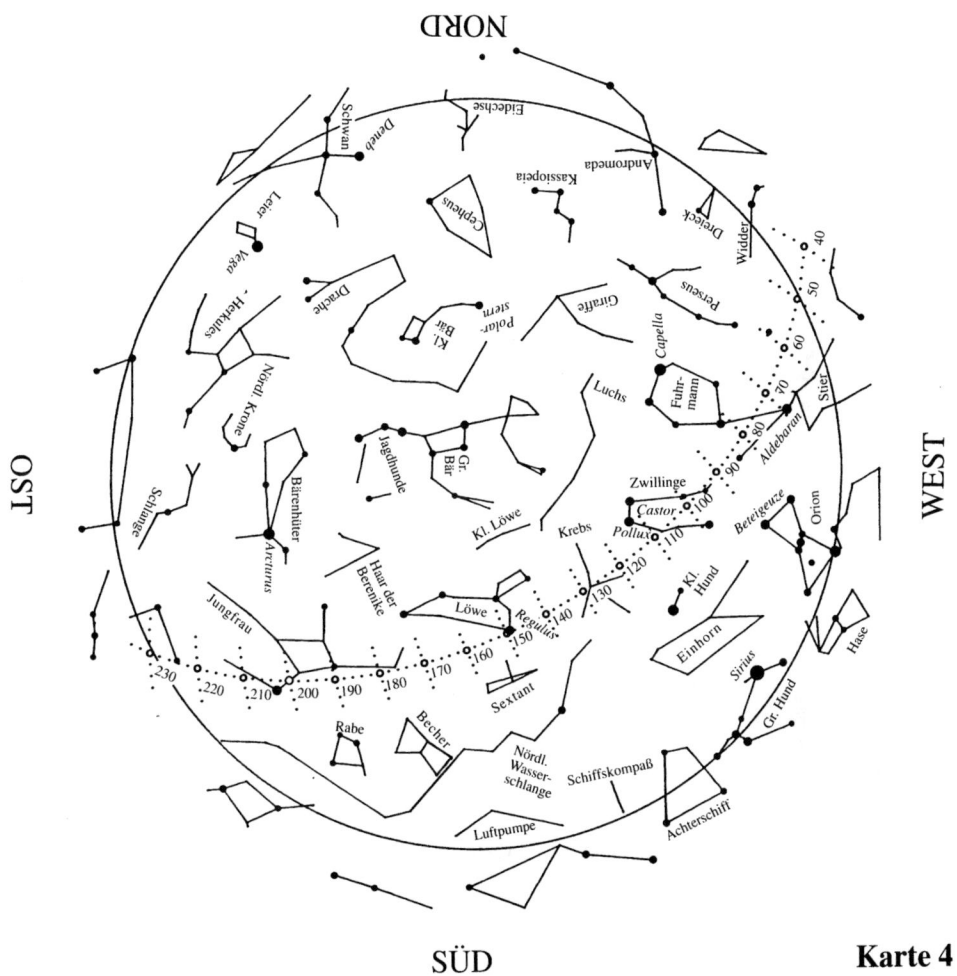

Karte 4

MAI

In den Mainächten sind folgende Himmelskarten heranzuziehen:

1. Mai	**15. Mai**
Abendhimmel	Abendhimmel
(Sommerzeit)	(Sommerzeit)
21 Uhr Karte 4	22 Uhr Karte 5
23 Uhr Karte 5	24 Uhr Karte 6
1 Uhr Karte 6	2 Uhr Karte 7
3 Uhr Karte 7	4 Uhr Karte 8
5 Uhr Karte 8	Morgenhimmel
Morgenhimmel	

Planeten, Mond und Sonne liegen am Firmament stets im Bereich der Ekliptik, das ist die in den Himmelskarten eingezeichnete ovale Bahn. Die unten stehende Tabelle gibt an, in welchem Abschnitt der Ekliptik der betreffende Himmelskörper liegt.

1991	1. MAI	5. MAI	10. MAI	15. MAI	20. MAI	25. MAI
Sonne	40	44	49	54	59	63
Mond	244	292	354	65	138	204
Venus	81	85	91	97	102	107
Mars	105	108	110	113	116	119
Jupiter	125	125	126	127	127	128
Saturn	307	307	307	307	307	307

1992	1. MAI	5. MAI	10. MAI	15. MAI	20. MAI	25. MAI
Sonne	41	45	50	54	59	64
Mond	20	74	144	214	278	338
Venus	29	34	40	46	53	59
Mars	356	359	3	7	11	15
Jupiter	155	155	155	155	155	156
Saturn	318	318	318	318	318	318

Von den Himmelskörpern sind zum gewählten Zeitpunkt nur jene sichtbar, die sich innerhalb der kreisförmigen Horizontlinie befinden. Außerhalb der kreisförmigen Horizontlinie liegende Sterne befinden sich außerhalb unseres Gesichtskreises, sie liegen für uns unter dem Horizont.

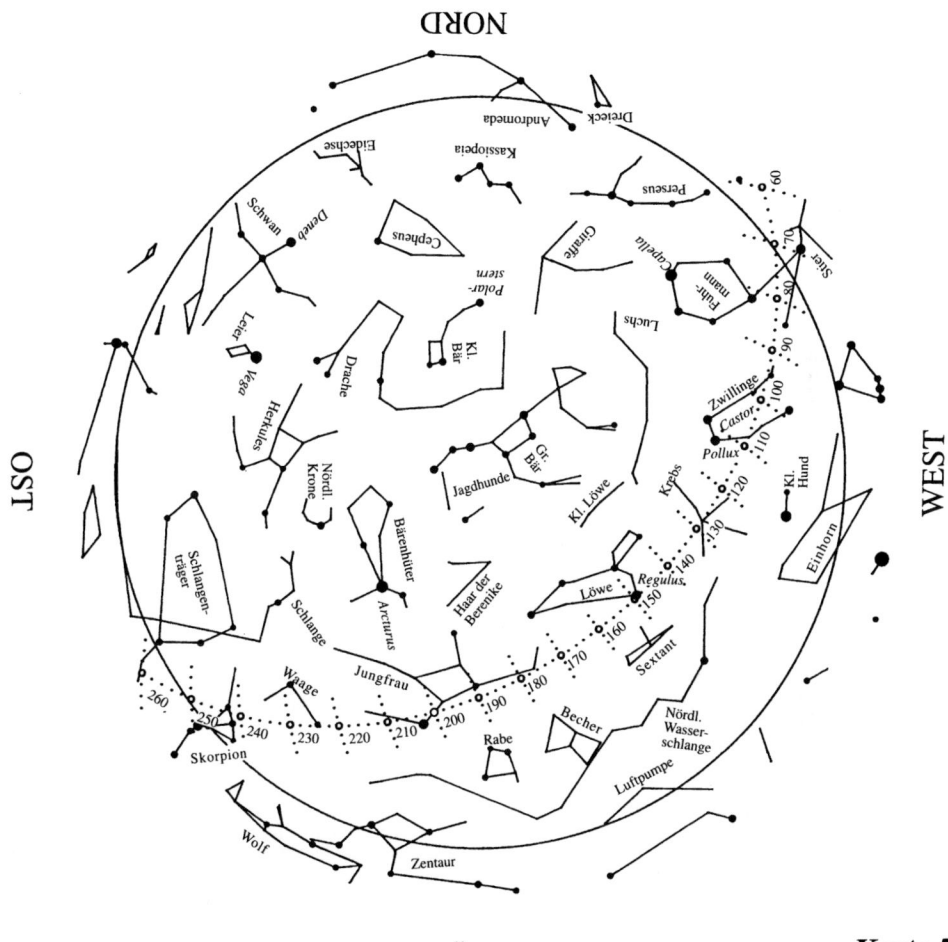

Karte 5

JUNI

In den Juninächten sind folgende Himmelskarten heranzuziehen:

1. Juni	15. Juni
Abendhimmel	Abendhimmel
(Sommerzeit)	(Sommerzeit)
23 Uhr Karte 6	24 Uhr Karte 7
1 Uhr Karte 7	2 Uhr Karte 8
3 Uhr Karte 8	4 Uhr Karte 9
Morgenhimmel	Morgenhimmel

Planeten, Mond und Sonne liegen am Firmament stets im Bereich der Ekliptik, das ist die in den Himmelskarten eingezeichnete ovale Bahn. Die unten stehende Tabelle gibt an, in welchem Abschnitt der Ekliptik der betreffende Himmelskörper liegt.

1991	1. JUN	5. JUN	10. JUN	15. JUN	20. JUN	25. JUN
Sonne	70	74	79	83	88	93
Mond	288	336	44	119	188	250
Venus	115	119	124	129	133	138
Mars	123	126	129	132	135	138
Jupiter	129	130	130	131	132	133
Saturn	307	307	306	306	306	306

1992	1. JUN	5. JUN	10. JUN	15. JUN	20. JUN	25. JUN
Sonne	71	75	79	84	89	94
Mond	69	126	197	262	322	23
Venus	67	72	78	85	91	97
Mars	20	23	27	30	34	38
Jupiter	156	156	157	158	158	159
Saturn	318	318	318	318	318	318

Von den Himmelskörpern sind zum gewählten Zeitpunkt nur jene sichtbar, die sich innerhalb der kreisförmigen Horizontlinie befinden. Außerhalb der kreisförmigen Horizontlinie liegende Sterne befinden sich außerhalb unseres Gesichtskreises, sie liegen für uns unter dem Horizont.

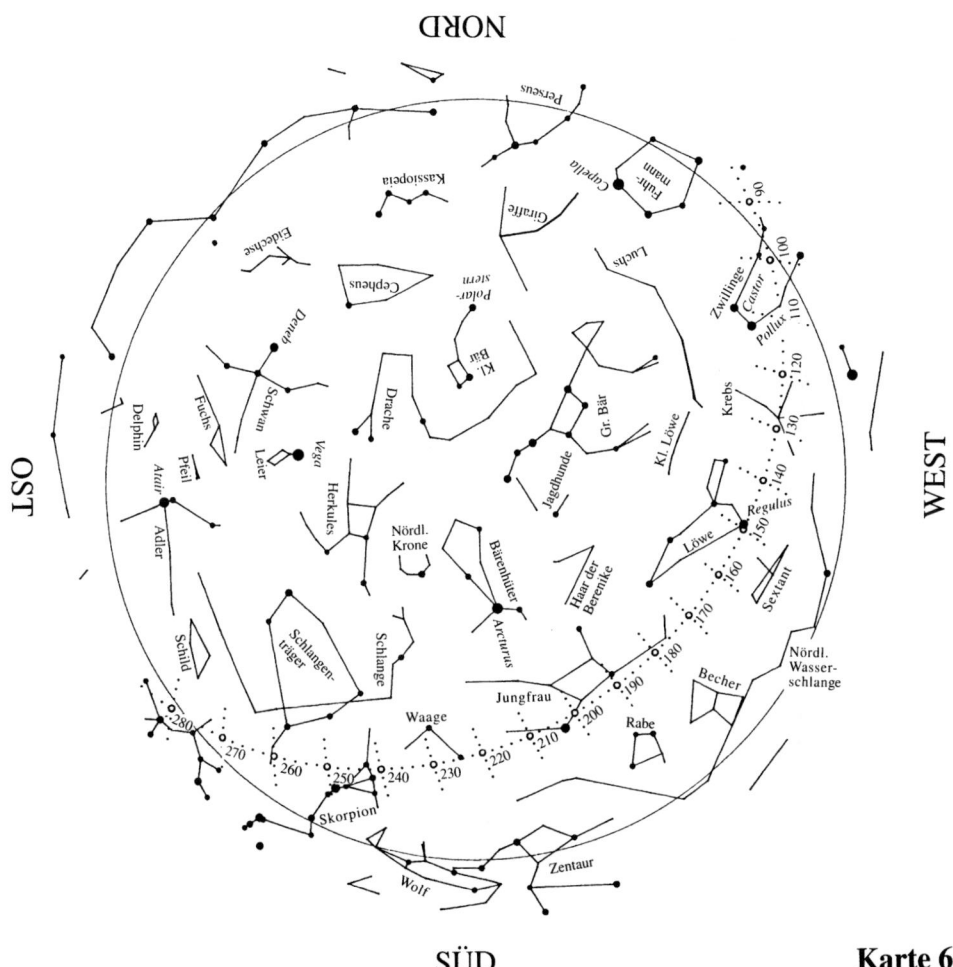

Karte 6

JULI

In den Julinächten sind folgende Himmelskarten heranzuziehen:

	1. Juli	15. Juli
	Abendhimmel	Abendhimmel
	(Sommerzeit)	(Sommerzeit)
	23 Uhr Karte 7	22 Uhr Karte 7
	1 Uhr Karte 8	24 Uhr Karte 8
	3 Uhr Karte 9	2 Uhr Karte 9
	Morgenhimmel	4 Uhr Karte 10
		Morgenhimmel

Planeten, Mond und Sonne liegen am Firmament stets im Bereich der Ekliptik, das ist die in den Himmelskarten eingezeichnete ovale Bahn. Die unten stehende Tabelle gibt an, in welchem Abschnitt der Ekliptik der betreffende Himmelskörper liegt.

1991	1. JUL	5. JUL	10. JUL	15. JUL	20. JUL	25. JUL
Sonne	99	102	107	112	117	122
Mond	321	11	82	156	223	282
Venus	143	146	149	152	155	156
Mars	141	144	147	150	153	156
Jupiter	134	135	136	137	138	139
Saturn	305	305	305	304	304	304

1992	1. JUL	5. JUL	10. JUL	15. JUL	20. JUL	25. JUL
Sonne	99	103	108	113	118	122
Mond	106	165	233	295	354	57
Venus	104	109	115	121	128	134
Mars	42	45	48	52	55	59
Jupiter	160	160	161	162	163	164
Saturn	318	317	317	317	316	316

Von den Himmelskörpern sind zum gewählten Zeitpunkt nur jene sichtbar, die sich innerhalb der kreisförmigen Horizontlinie befinden. Außerhalb der kreisförmigen Horizontlinie liegende Sterne befinden sich außerhalb unseres Gesichtskreises, sie liegen für uns unter dem Horizont.

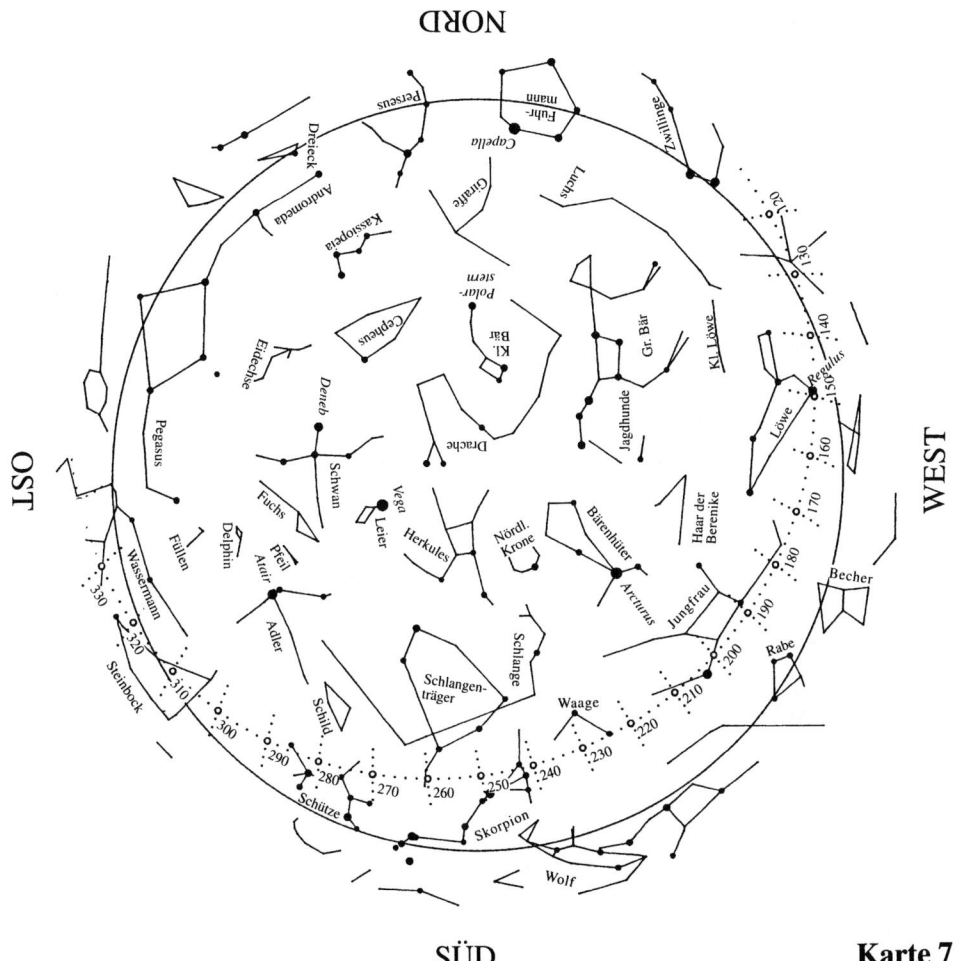

Karte 7

AUGUST

In den Augustnächten sind folgende Himmelskarten heranzuziehen:

1. August	15. August
Abendhimmel	Abendhimmel
(Sommerzeit)	(Sommerzeit)
21 Uhr Karte 7	22 Uhr Karte 8
23 Uhr Karte 8	24 Uhr Karte 9
1 Uhr Karte 9	2 Uhr Karte 10
3 Uhr Karte 10	4 Uhr Karte 11
5 Uhr Karte 11	Morgenhimmel
Morgenhimmel	

Planeten, Mond und Sonne liegen am Firmament stets im Bereich der Ekliptik, das ist die in den Himmelskarten eingezeichnete ovale Bahn. Die unten stehende Tabelle gibt an, in welchem Abschnitt der Ekliptik der betreffende Himmelskörper liegt.

1991	1. AUG	5. AUG	10. AUG	15. AUG	20. AUG	25. AUG
Sonne	128	132	137	142	146	151
Mond	8	62	135	206	267	327
Venus	157	157	156	154	151	148
Mars	160	163	166	169	172	175
Jupiter	141	142	143	144	145	146
Saturn	303	303	302	302	302	302

1992	1. AUG	5. AUG	10. AUG	15. AUG	20. AUG	25. AUG
Sonne	129	133	138	142	147	152
Mond	160	217	280	339	40	108
Venus	142	147	153	160	166	172
Mars	64	66	70	73	76	79
Jupiter	165	166	167	168	169	170
Saturn	316	315	315	315	314	314

Von den Himmelskörpern sind zum gewählten Zeitpunkt nur jene sichtbar, die sich innerhalb der kreisförmigen Horizontlinie befinden. Außerhalb der kreisförmigen Horizontlinie liegende Sterne befinden sich außerhalb unseres Gesichtskreises, sie liegen für uns unter dem Horizont.

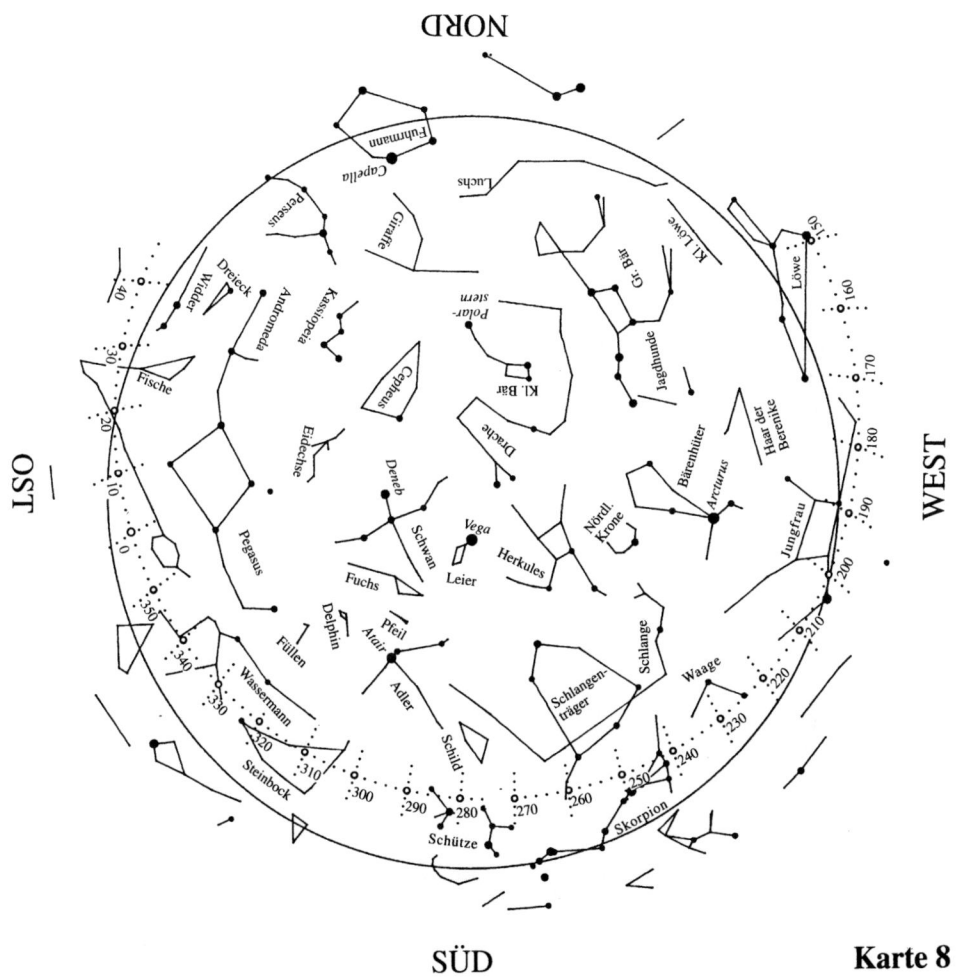

Karte 8

SEPTEMBER

In den Septembernächten sind folgende Himmelskarten heranzuziehen:

	1. September	15. September
	Abendhimmel	Abendhimmel
	(Sommerzeit)	(Sommerzeit)
	21 Uhr Karte 8	20 Uhr Karte 8
	23 Uhr Karte 9	22 Uhr Karte 9
	1 Uhr Karte 10	24 Uhr Karte 10
	3 Uhr Karte 11	2 Uhr Karte 11
	5 Uhr Karte 12	4 Uhr Karte 12
	Morgenhimmel	6 Uhr Karte 1
		Morgenhimmel

Planeten, Mond und Sonne liegen am Firmament stets im Bereich der Ekliptik, das ist die in den Himmelskarten eingezeichnete ovale Bahn. Die unten stehende Tabelle gibt an, in welchem Abschnitt der Ekliptik der betreffende Himmelskörper liegt.

1991	1. SEP	5. SEP	10. SEP	15. SEP	20. SEP	25. SEP
Sonne	158	162	167	172	177	181
Mond	58	115	187	252	311	14
Venus	144	142	141	141	142	143
Mars	180	182	186	189	192	195
Jupiter	148	148	150	151	152	153
Saturn	301	301	301	301	300	300

1992	1. SEP	5. SEP	10. SEP	15. SEP	20. SEP	25. SEP
Sonne	159	163	168	172	177	182
Mond	213	265	325	25	89	162
Venus	180	185	191	198	204	210
Mars	83	86	89	92	94	97
Jupiter	172	172	173	175	176	177
Saturn	313	313	313	313	312	312

Von den Himmelskörpern sind zum gewählten Zeitpunkt nur jene sichtbar, die sich innerhalb der kreisförmigen Horizontlinie befinden. Außerhalb der kreisförmigen Horizontlinie liegende Sterne befinden sich außerhalb unseres Gesichtskreises, sie liegen für uns unter dem Horizont.

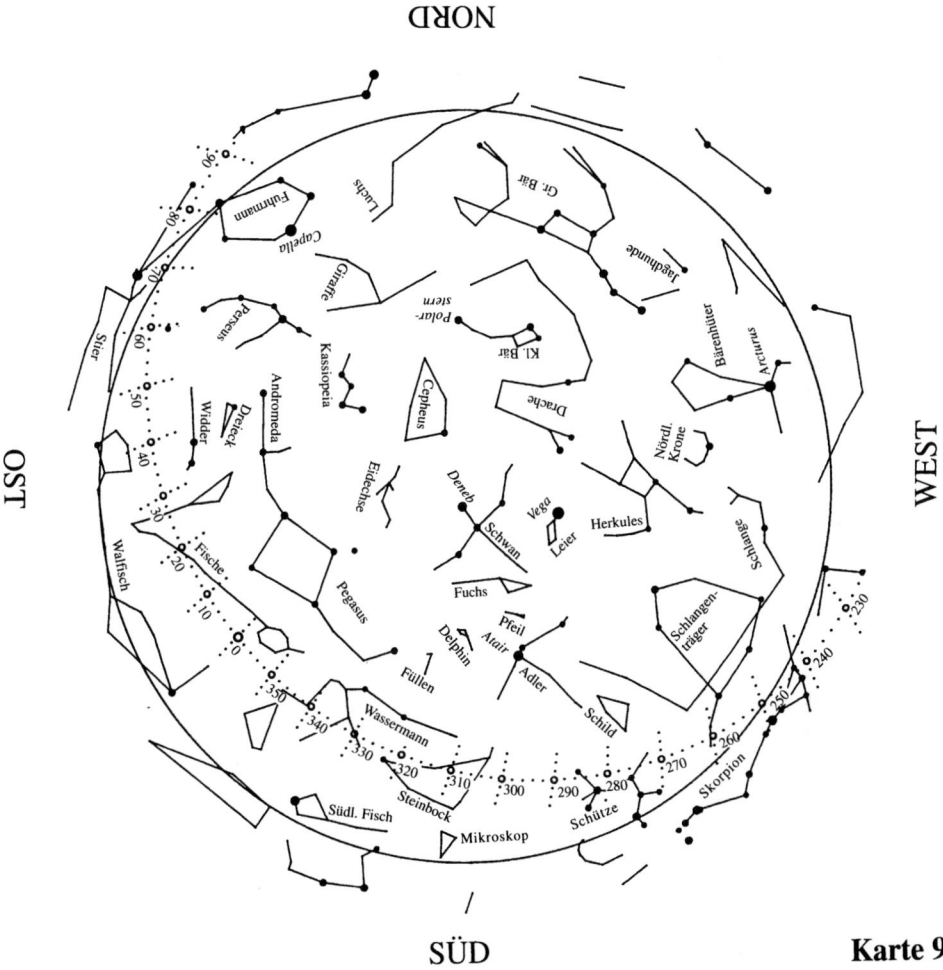

Karte 9

OKTOBER

In den Oktobernächten sind folgende Himmelskarten heranzuziehen:

1. Oktober	15. Oktober
Abendhimmel	Abendhimmel
18 Uhr Karte 8	19 Uhr Karte 9
20 Uhr Karte 9	21 Uhr Karte 10
22 Uhr Karte 10	23 Uhr Karte 11
24 Uhr Karte 11	1 Uhr Karte 12
2 Uhr Karte 12	3 Uhr Karte 1
4 Uhr Karte 1	5 Uhr Karte 2
Morgenhimmel	Morgenhimmel

Planeten, Mond und Sonne liegen am Firmament stets im Bereich der Ekliptik, das ist die in den Himmelskarten eingezeichnete ovale Bahn. Die unten stehende Tabelle gibt an, in welchem Abschnitt der Ekliptik der betreffende Himmelskörper liegt.

1991	1. OKT	5. OKT	10. OKT	15. OKT	20. OKT	25. OKT
Sonne	187	191	196	201	206	211
Mond	97	154	222	283	344	51
Venus	146	149	152	156	160	165
Mars	199	202	205	209	212	216
Jupiter	154	155	156	157	157	158
Saturn	300	300	300	300	300	301

1992	1. OKT	5. OKT	10. OKT	15. OKT	20. OKT	25. OKT
Sonne	188	192	197	202	207	212
Mond	248	298	357	60	128	200
Venus	217	222	228	234	240	246
Mars	100	102	104	107	109	111
Jupiter	178	179	180	181	182	183
Saturn	312	312	312	312	312	312

Von den Himmelskörpern sind zum gewählten Zeitpunkt nur jene sichtbar, die sich innerhalb der kreisförmigen Horizontlinie befinden. Außerhalb der kreisförmigen Horizontlinie liegende Sterne befinden sich außerhalb unseres Gesichtskreises, sie liegen für uns unter dem Horizont.

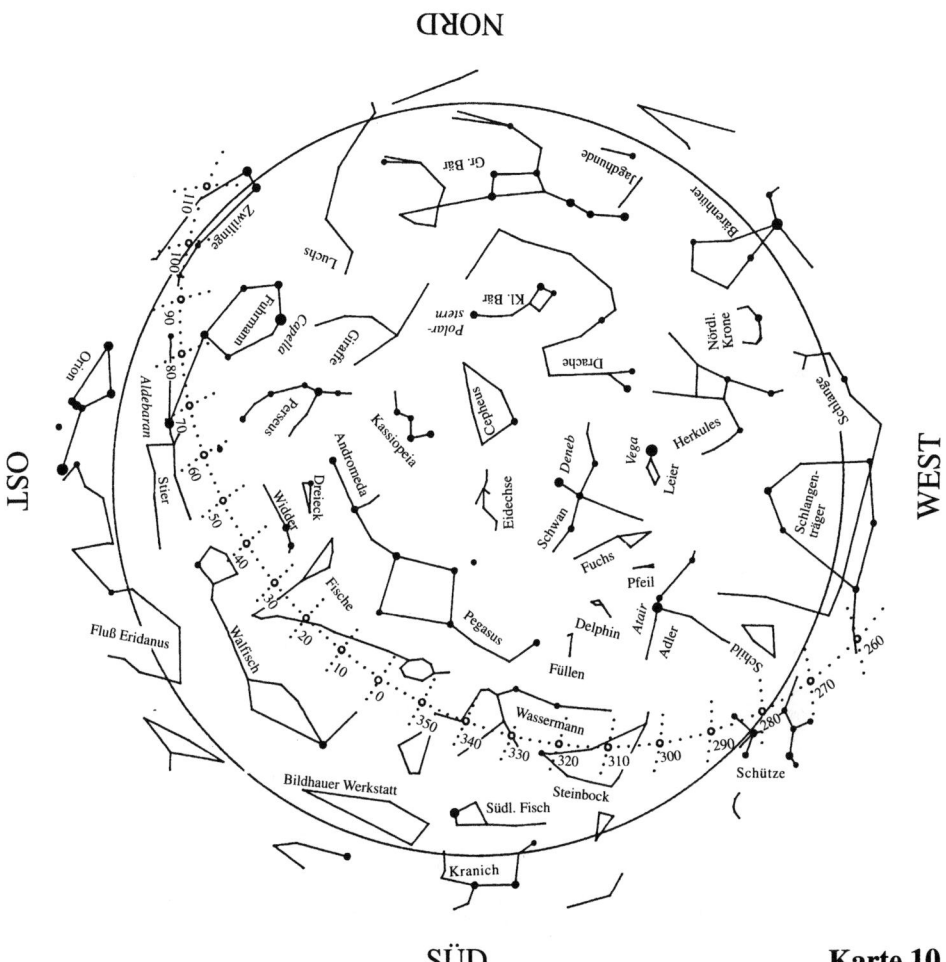

Karte 10

NOVEMBER

In den Novembernächten sind folgende Himmelskarten heranzuziehen:

1. November	15. November
Abendhimmel	Abendhimmel
18 Uhr Karte 9	17 Uhr Karte 9
20 Uhr Karte 10	19 Uhr Karte 10
22 Uhr Karte 11	21 Uhr Karte 11
24 Uhr Karte 12	23 Uhr Karte 12
2 Uhr Karte 1	1 Uhr Karte 1
4 Uhr Karte 2	3 Uhr Karte 2
6 Uhr Karte 3	5 Uhr Karte 3
Morgenhimmel	Morgenhimmel

Planeten, Mond und Sonne liegen am Firmament stets im Bereich der Ekliptik, das ist die in den Himmelskarten eingezeichnete ovale Bahn. Die unten stehende Tabelle gibt an, in welchem Abschnitt der Ekliptik der betreffende Himmelskörper liegt.

1991	1. NOV	5. NOV	10. NOV	15. NOV	20. NOV	25. NOV
Sonne	218	222	227	232	237	242
Mond	150	204	267	327	31	104
Venus	172	176	181	186	192	197
Mars	220	223	227	230	234	237
Jupiter	159	160	161	161	162	163
Saturn	301	301	301	302	302	302

1992	1. NOV	5. NOV	10. NOV	15. NOV	20. NOV	25. NOV
Sonne	219	223	228	233	238	243
Mond	294	341	43	110	181	251
Venus	255	260	266	272	278	284
Mars	113	114	115	116	117	118
Jupiter	184	185	186	187	188	189
Saturn	312	312	312	313	313	313

Von den Himmelskörpern sind zum gewählten Zeitpunkt nur jene sichtbar, die sich innerhalb der kreisförmigen Horizontlinie befinden. Außerhalb der kreisförmigen Horizontlinie liegende Sterne befinden sich außerhalb unseres Gesichtskreises, sie liegen für uns unter dem Horizont.

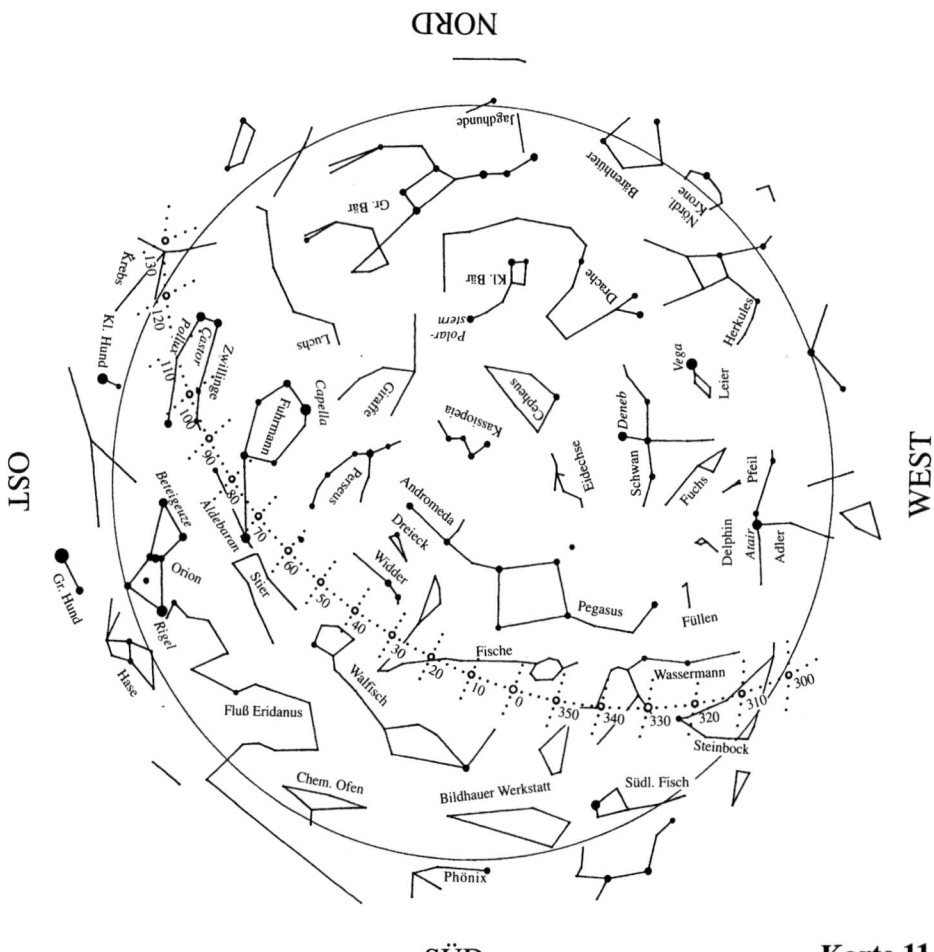

Karte 11

DEZEMBER

In den Dezembernächten sind folgende Himmelskarten heranzuziehen:

1. Dezember	15. Dezember
Abendhimmel	Abendhimmel
18 Uhr Karte 10	17 Uhr Karte 10
20 Uhr Karte 11	19 Uhr Karte 11
22 Uhr Karte 12	21 Uhr Karte 12
24 Uhr Karte 1	23 Uhr Karte 1
2 Uhr Karte 2	1 Uhr Karte 2
4 Uhr Karte 3	3 Uhr Karte 3
6 Uhr Karte 4	5 Uhr Karte 4
Morgenhimmel	7 Uhr Karte 5
	Morgenhimmel

Planeten, Mond und Sonne liegen am Firmament stets im Bereich der Ekliptik, das ist die in den Himmelskarten eingezeichnete ovale Bahn. Die unten stehende Tabelle gibt an, in welchem Abschnitt der Ekliptik der betreffende Himmelskörper liegt.

1991	1. DEZ	5. DEZ	10. DEZ	15. DEZ	20. DEZ	25. DEZ
Sonne	248	252	257	263	268	273
Mond	188	239	299	359	68	142
Venus	204	209	214	220	226	232
Mars	241	244	248	251	255	259
Jupiter	163	164	164	164	164	165
Saturn	303	303	304	304	305	305

1992	1. DEZ	5. DEZ	10. DEZ	15. DEZ	20. DEZ	25. DEZ
Sonne	249	253	258	263	268	273
Mond	325	13	78	149	219	285
Venus	291	296	301	307	313	319
Mars	118	117	117	116	115	113
Jupiter	190	190	191	192	192	193
Saturn	314	314	314	315	315	316

Von den Himmelskörpern sind zum gewählten Zeitpunkt nur jene sichtbar, die sich innerhalb der kreisförmigen Horizontlinie befinden. Außerhalb der kreisförmigen Horizontlinie liegende Sterne befinden sich außerhalb unseres Gesichtskreises, sie liegen für uns unter dem Horizont.

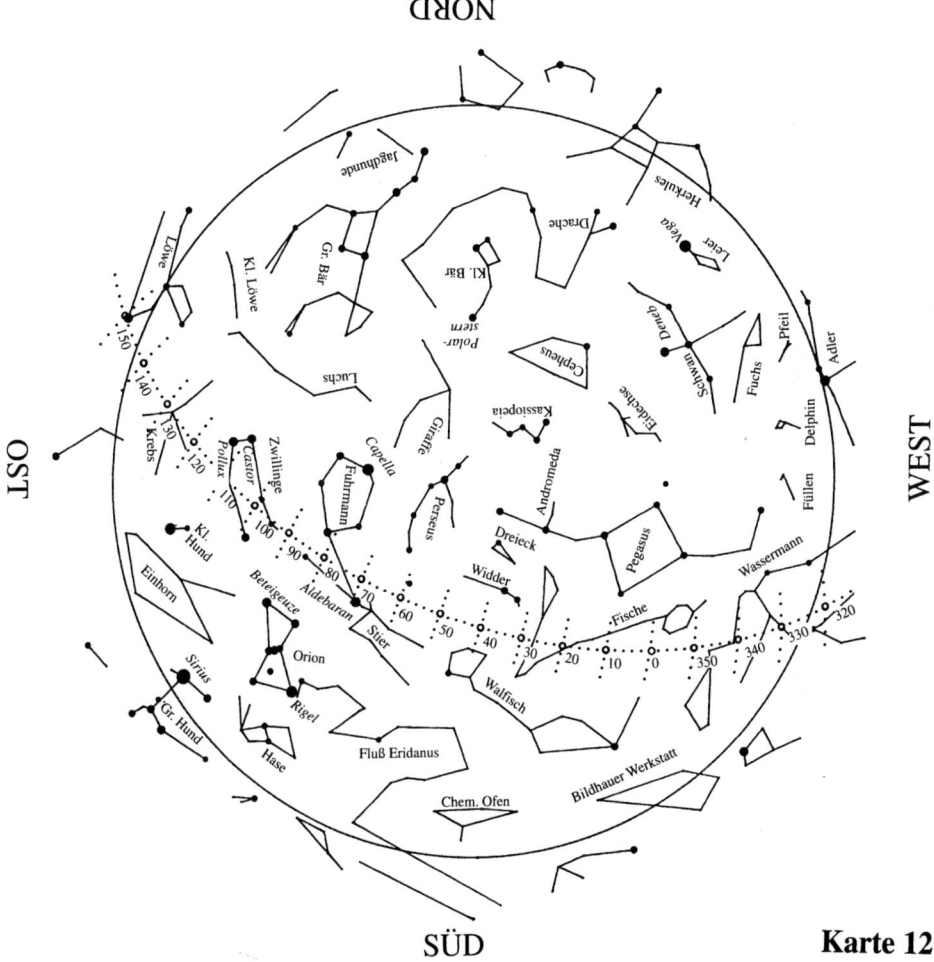

Karte 12

Astrologische Tierkreiszeichen

Die Ekliptik, also die Bahn, auf der sich Planeten, Mond und Sonne bewegen, wird in 360 Winkelgrade eingeteilt. Die vorstehenden Himmelskarten zeigen in punktierter Form den Verlauf der Ekliptik und die zugehörige Gradeinteilung.

Unter Tierkreiszeichen versteht man eine gleichmäßige Aufteilung der Ekliptik in zwölf Teile zu je dreißig Grad. Diese Tierkreiszeichen nennt man nach den ihnen benachbarten Sternbildern des Tierkreises.

Das Tierkreiszeichen	liegt auf der Ekliptik zwischen
Widder	0° und 30°
Stier	30° und 60°
Zwillinge	60° und 90°
Krebs	90° und 120°
Löwe	120° und 150°
Jungfrau	150° und 180°
Waage	180° und 210°
Skorpion	210° und 240°
Schütze	240° und 270°
Steinbock	270° und 300°
Wassermann	300° und 330°
Fische	330° und 360°

(Vor vielen Jahrhunderten waren die Bereiche der Tierkreiszeichen und die Sternbilder des Tierkreises ein und dasselbe. Wegen der Drehbewegung der Erd-Kreiselachse fallen heute die Tierkreiszeichen nicht mehr mit den Tierkreissternbildern zusammen.)

Wenn man sagt, ein Mensch ist im Sternbild des Skorpion geboren, so bedeutet dies, daß im Zeitpunkt seiner Geburt die Sonne auf der Ekliptik im Bereich zwischen 210° und 240° gestanden ist.

Himmelskarten
und besondere Objekte

Die nachfolgenden zwölf Himmelskarten zeigen den Sternenhimmel, wie er bei besonders günstigem Wetter mit bloßem Auge zu sehen ist. Die Sterne wurden hier nicht mehr durch Verbindungslinien zu Sternbildern zusammengefaßt; man wird die Bildkonfigurationen durch Vergleich mit den vorherigen Karten aber nach kurzer Übung zu einem Großteil erkennen.

Kleine Quadrate markieren die Position besonders schöner Sternhaufen, Gasnebel oder Galaxien, die mit einem Feldstecher und zum Teil sogar mit bloßem Auge sichtbar sind. Kurzgefaßte Daten*⁾ wollen eine Vorstellung von den Größenordnungen vermitteln. Die Bezeichnung der Objekte geht auf Charles Messier (1730 - 1817) zurück.

---

*⁾ *Lichtjahr:* Astronomische Längeneinheit. Ein Lichtjahr ist jene Strecke, die ein Lichtstrahl in einem Jahr zurücklegt. 1 Lichtjahr $= 9,5 \cdot 10^{12}$ km $= 9,5$ Billionen km.

Helligkeits-Klassen: Helligkeits-Klassen standen schon im Mittelalter in Verwendung. Man hat damals den hellen Sternen die 1. Größenklasse zugeordnet, den etwas dunkleren die 2. Größenklasse und so weiter bis zur 6. Größenklasse. Sterne mit einer Helligkeit der 6. Größenklasse sind mit freiem Auge gerade noch wahrnehmbar.

Objekte, die im Feldstecher erkennbar sind:

M31: Andromedanebel
 Extragalaktischer Spiralnebel
 Masse: 300 Milliarden Sonnen
 Helligkeit: 4,8
 Entfernung: 2 Millionen Lichtjahre

M41: Offener Sternhaufen im Großen Hund
 150 Sterne
 Helligkeit: 4,6
 Entfernung: 1.600 Lichtjahre

M42: Orionnebel
 Diffuser Gasnebel
 Helligkeit: 5
 Entfernung: 1.500 Lichtjahre

M44: Praesepe, Krippe im Sternbild des Krebses
 Offener Sternhaufen
 Helligkeit: 3,7
 Entfernung: 500 Lichtjahre

M45: Plejaden, Siebengestirn im Sternbild des Stiers
 Besonders schöner offener Sternhaufen
 Helligkeit: 1,4
 Entfernung: 400 Lichtjahre

M92: Kugelsternhaufen im Sternbild des Herkules
 Durchmesser: 33 Lichtjahre
 Helligkeit: 6,5
 Entfernung: 33.000 Lichtjahre

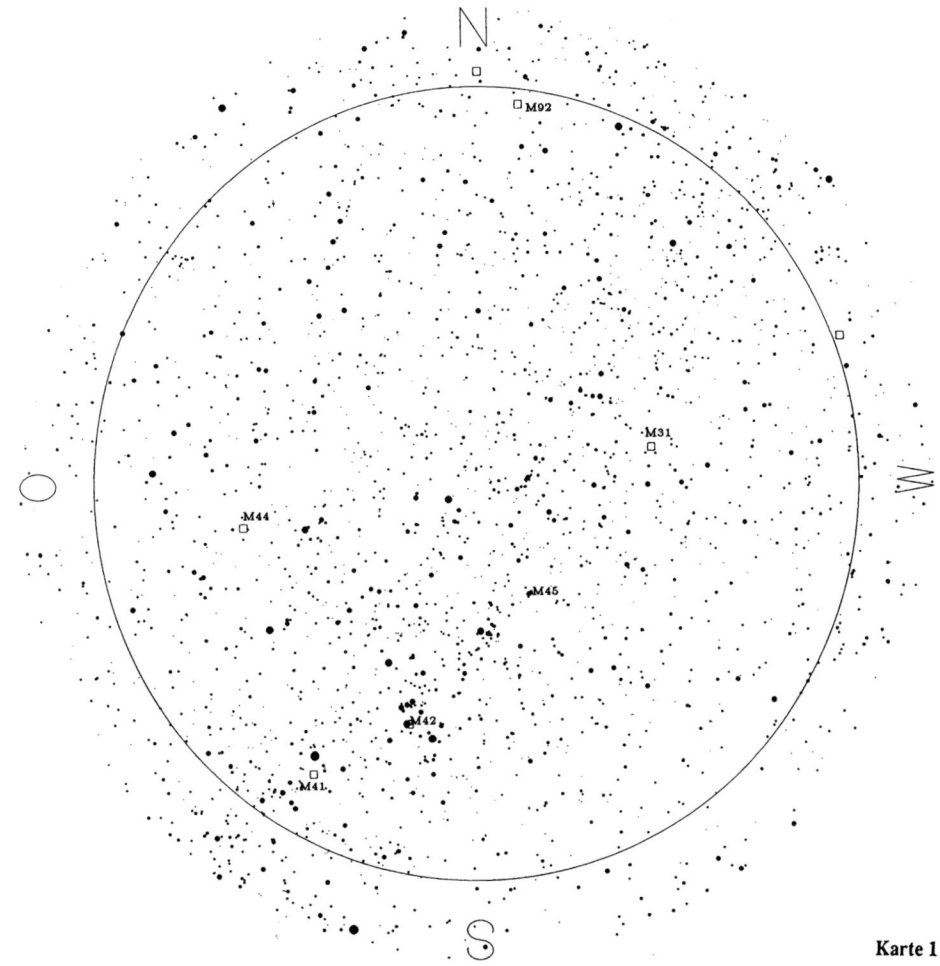

Karte 1

Objekte, die im Feldstecher erkennbar sind:

M31: Andromedanebel
 Extragalaktischer Spiralnebel
 Masse: 300 Milliarden Sonnen
 Helligkeit: 4,8
 Entfernung: 2 Millionen Lichtjahre

M41: Offener Sternhaufen im Großen Hund
 150 Sterne
 Helligkeit: 4,6
 Entfernung: 1.600 Lichtjahre

M42: Orionnebel
 Diffuser Gasnebel
 Helligkeit: 5
 Entfernung: 1.500 Lichtjahre

M44: Praesepe, Krippe im Sternbild des Krebses
 Offener Sternhaufen
 Helligkeit: 3,7
 Entfernung: 500 Lichtjahre

M45: Plejaden, Siebengestirn im Sternbild des Stiers
 Besonders schöner offener Sternhaufen
 Helligkeit: 1,4
 Entfernung: 400 Lichtjahre

M92: Kugelsternhaufen im Sternbild des Herkules
 Durchmesser: 33 Lichtjahre
 Helligkeit: 6,5
 Entfernung: 33.000 Lichtjahre

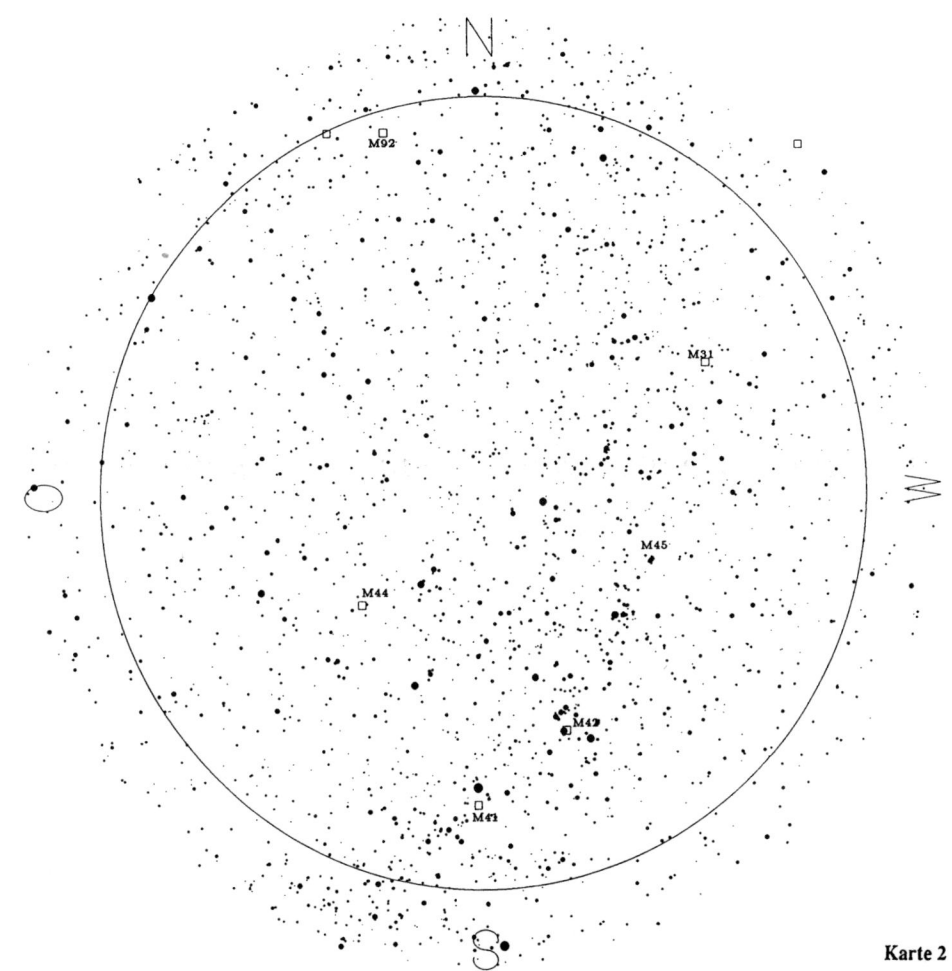

Karte 2

Objekte, die im Feldstecher erkennbar sind:

M13: Kugelsternhaufen im Sternbild des Herkules
30.000 Sterne wurden gezählt
Helligkeit: 6
Durchmesser: 36 Lichtjahre
Entfernung: 27.000 Lichtjahre

M31: Andromedanebel
Extragalaktischer Spiralnebel
Masse: 300 Milliarden Sonnen
Helligkeit: 4,8
Entfernung: 2 Millionen Lichtjahre

M41: Offener Sternhaufen im Großen Hund
150 Sterne
Helligkeit: 4,6
Entfernung: 1.600 Lichtjahre

M42: Orionnebel
Diffuser Gasnebel
Helligkeit: 5
Entfernung: 1.500 Lichtjahre

M44: Praesepe, Krippe im Sternbild des Krebses
Offener Sternhaufen
Helligkeit: 3,7
Entfernung: 500 Lichtjahre

M45: Plejaden, Siebengestirn im Sternbild des Stiers
Besonders schöner offener Sternhaufen
Helligkeit: 1,4
Entfernung: 400 Lichtjahre

M92: Kugelsternhaufen im Sternbild des Herkules
Durchmesser: 33 Lichtjahre
Helligkeit: 6,5
Entfernung: 33.000 Lichtjahre

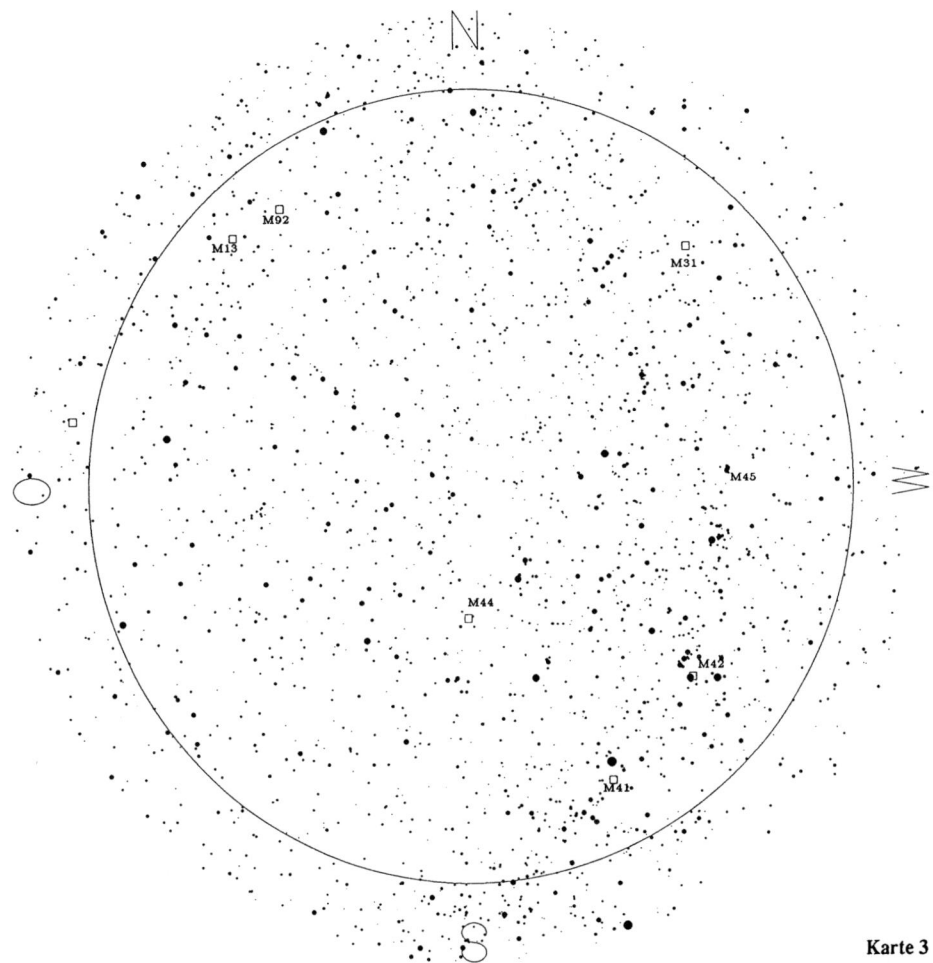

Karte 3

Objekte, die im Feldstecher erkennbar sind:

M5: Kugelsternhaufen im Sternbild der Schlange
15.000 Sterne wurden gezählt
Helligkeit: 6
Entfernung: 30.000 Lichtjahre

M13: Kugelsternhaufen im Sternbild des Herkules
30.000 Sterne wurden gezählt
Helligkeit: 6
Durchmesser: 36 Lichtjahre
Entfernung: 27.000 Lichtjahre

M31: Andromedanebel
Extragalaktischer Spiralnebel
Masse: 300 Milliarden Sonnen
Helligkeit: 4,8
Entfernung: 2 Millionen Lichtjahre

M41: Offener Sternhaufen im Großen Hund
150 Sterne
Helligkeit: 4,6
Entfernung: 1.600 Lichtjahre

M42: Orionnebel
Diffuser Gasnebel
Helligkeit: 5
Entfernung: 1.500 Lichtjahre

M44: Praesepe, Krippe im Sternbild des Krebses
Offener Sternhaufen
Helligkeit: 3,7
Entfernung: 500 Lichtjahre

M45: Plejaden, Siebengestirn im Sternbild des Stiers
Besonders schöner offener Sternhaufen
Helligkeit: 1,4
Entfernung: 400 Lichtjahre

M92: Kugelsternhaufen im Sternbild des Herkules
Durchmesser: 33 Lichtjahre
Helligkeit: 6,5
Entfernung: 33.000 Lichtjahre

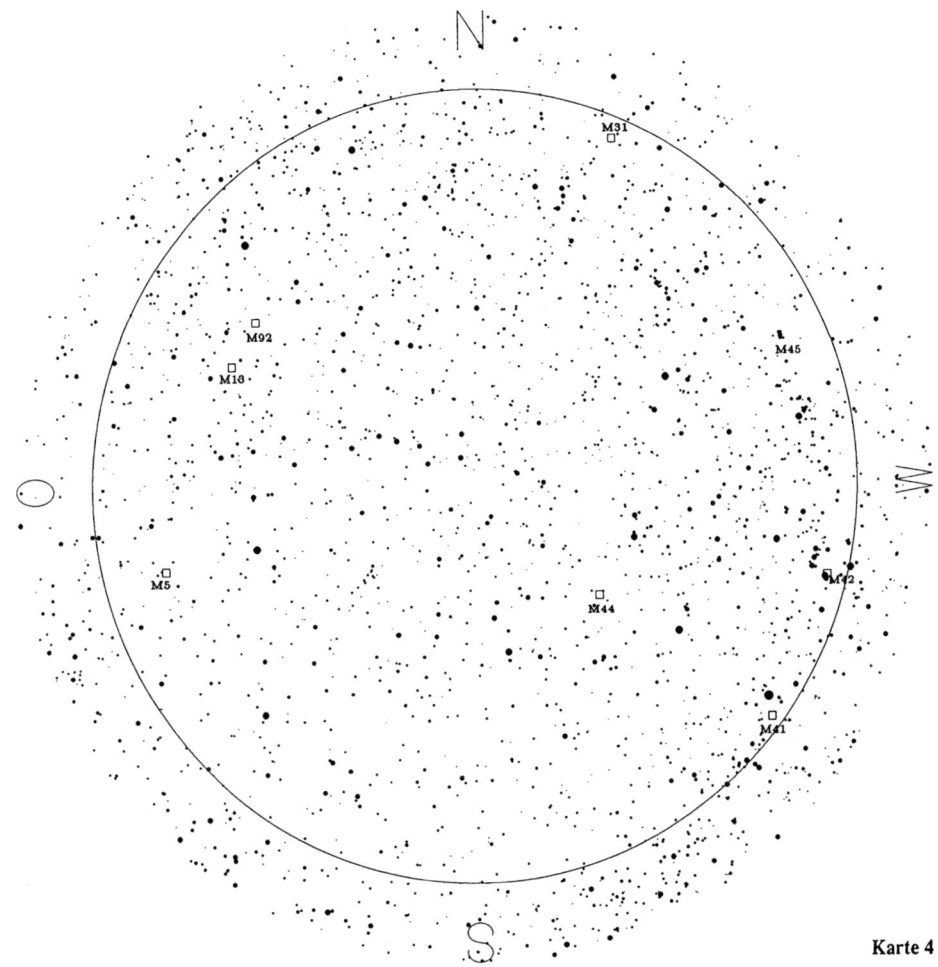

Karte 4

Objekte, die im Feldstecher erkennbar sind:

M5: Kugelsternhaufen im Sternbild der Schlange
15.000 Sterne wurden gezählt
Helligkeit: 6
Entfernung: 30.000 Lichtjahre

M13: Kugelsternhaufen im Sternbild des Herkules
30.000 Sterne wurden gezählt
Helligkeit: 6
Durchmesser: 36 Lichtjahre
Entfernung: 27.000 Lichtjahre

M44: Praesepe, Krippe im Sternbild des Krebses
Offener Sternhaufen
Helligkeit: 3,7
Entfernung: 500 Lichtjahre

M92: Kugelsternhaufen im Sternbild des Herkules
Durchmesser: 33 Lichtjahre
Helligkeit: 6,5
Entfernung: 33.000 Lichtjahre

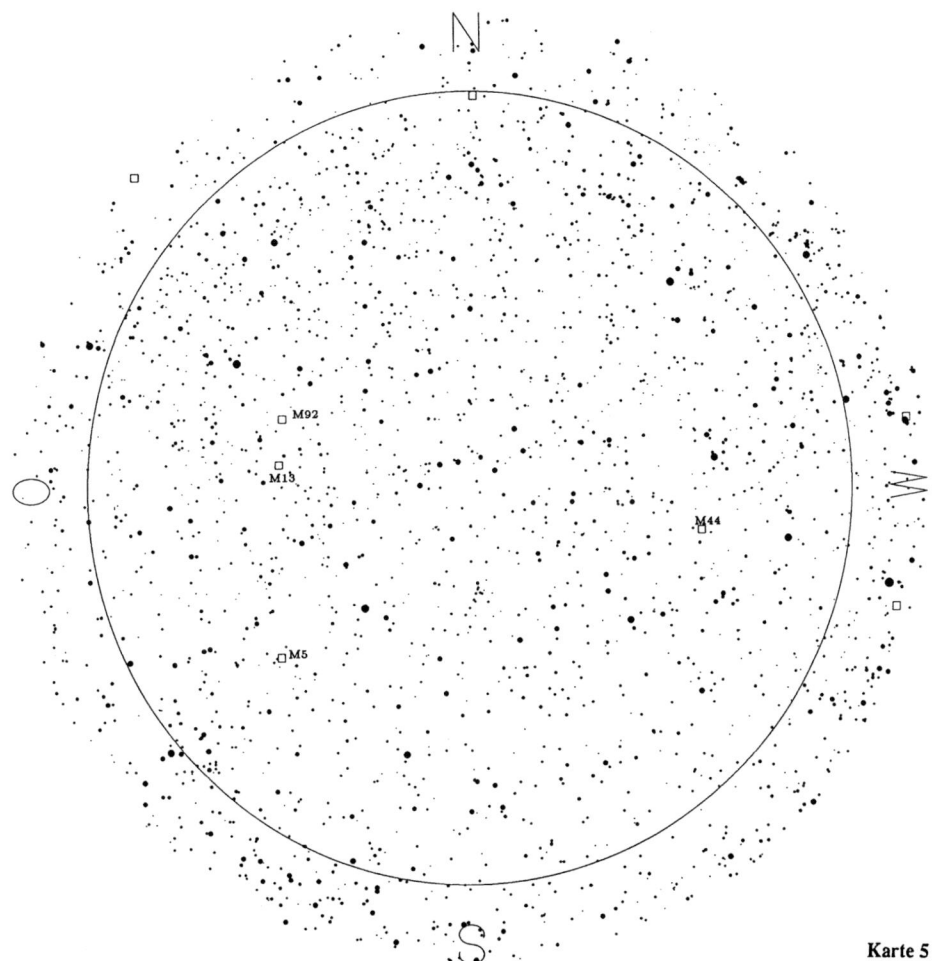

Karte 5

Objekte, die im Feldstecher erkennbar sind:

M5: Kugelsternhaufen im Sternbild der Schlange
15.000 Sterne wurden gezählt
Helligkeit: 6
Entfernung: 30.000 Lichtjahre

M13: Kugelsternhaufen im Sternbild des Herkules
30.000 Sterne wurden gezählt
Helligkeit: 6
Durchmesser: 36 Lichtjahre
Entfernung: 27.000 Lichtjahre

M31: Andromedanebel
Extragalaktischer Spiralnebel
Masse: 300 Milliarden Sonnen
Helligkeit: 4,8
Entfernung: 2 Millionen Lichtjahre

M44: Praesepe, Krippe im Sternbild des Krebses
Offener Sternhaufen
Helligkeit: 3,7
Entfernung: 500 Lichtjahre

M92: Kugelsternhaufen im Sternbild des Herkules
Durchmesser: 33 Lichtjahre
Helligkeit: 6,5
Entfernung: 33.000 Lichtjahre

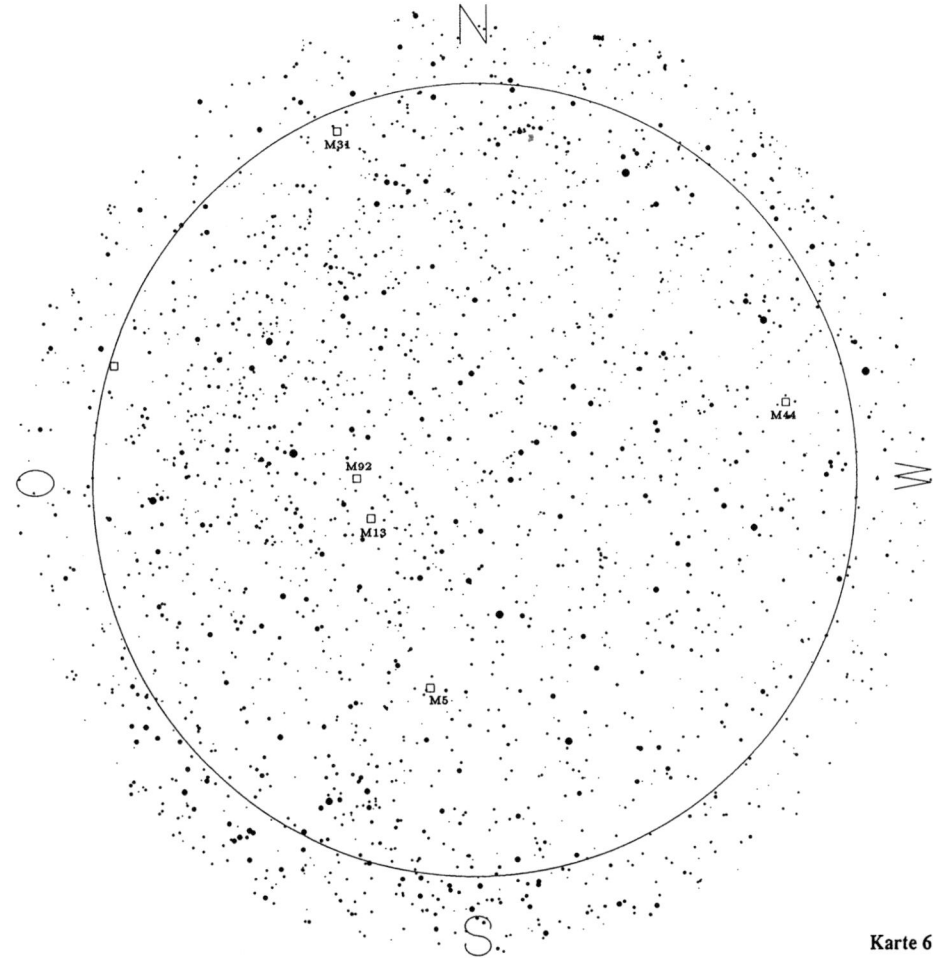

Karte 6

Objekte, die im Feldstecher erkennbar sind:

M5: Kugelsternhaufen im Sternbild der Schlange
15.000 Sterne wurden gezählt
Helligkeit: 6
Entfernung: 30.000 Lichtjahre

M13: Kugelsternhaufen im Sternbild des Herkules
30.000 Sterne wurden gezählt
Helligkeit: 6
Durchmesser: 36 Lichtjahre
Entfernung: 27.000 Lichtjahre

M15: Kugelsternhaufen im Sternbild des Pegasus
Helligkeit: 6,4
Durchmesser: 36 Lichtjahre
Entfernung: 42.000 Lichtjahre

M31: Andromedanebel
Extragalaktischer Spiralnebel
Masse: 300 Milliarden Sonnen
Helligkeit: 4,8
Entfernung: 2 Millionen Lichtjahre

M92: Kugelsternhaufen im Sternbild des Herkules
Durchmesser: 33 Lichtjahre
Helligkeit: 6,5
Entfernung: 33.000 Lichtjahre

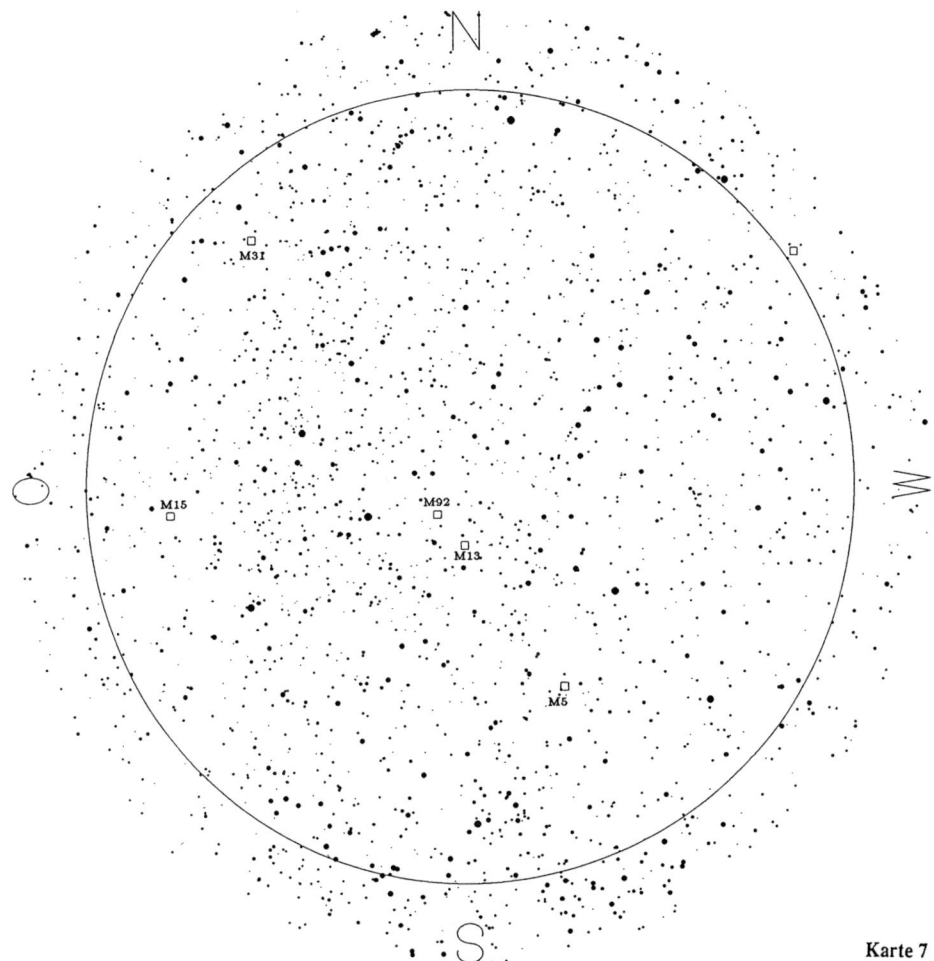

Karte 7

Objekte, die im Feldstecher erkennbar sind:

M5: Kugelsternhaufen im Sternbild der Schlange
15.000 Sterne wurden gezählt
Helligkeit: 6
Entfernung: 30.000 Lichtjahre

M13: Kugelsternhaufen im Sternbild des Herkules
30.000 Sterne wurden gezählt
Helligkeit: 6
Durchmesser: 36 Lichtjahre
Entfernung: 27.000 Lichtjahre

M15: Kugelsternhaufen im Sternbild des Pegasus
Helligkeit: 6,4
Durchmesser: 36 Lichtjahre
Entfernung: 42.000 Lichtjahre

M31: Andromedanebel
Extragalaktischer Spiralnebel
Masse: 300 Milliarden Sonnen
Helligkeit: 4,8
Entfernung: 2 Millionen Lichtjahre

M92: Kugelsternhaufen im Sternbild des Herkules
Durchmesser: 33 Lichtjahre
Helligkeit: 6,5
Entfernung: 33.000 Lichtjahre

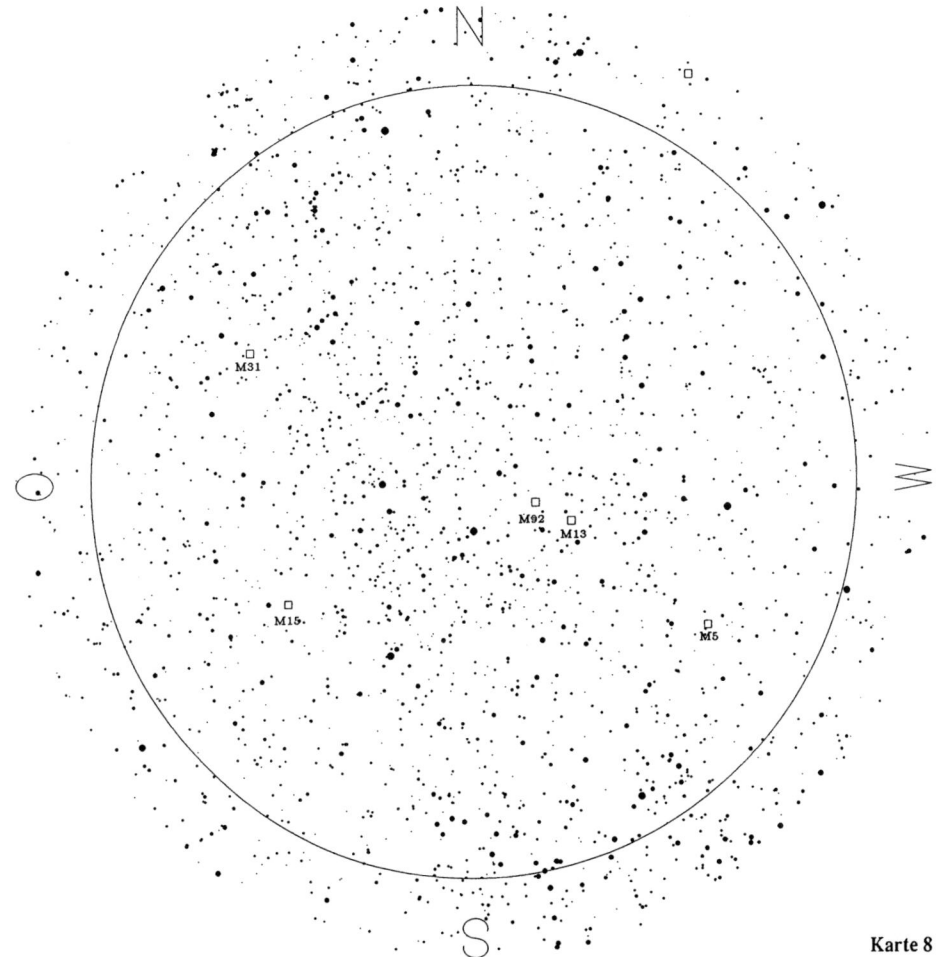

Karte 8

Objekte, die im Feldstecher erkennbar sind:

M5: Kugelsternhaufen im Sternbild der Schlange
15.000 Sterne wurden gezählt
Helligkeit: 6
Entfernung: 30.000 Lichtjahre

M13: Kugelsternhaufen im Sternbild des Herkules
30.000 Sterne wurden gezählt
Helligkeit: 6
Durchmesser: 36 Lichtjahre
Entfernung: 27.000 Lichtjahre

M15: Kugelsternhaufen im Sternbild des Pegasus
Helligkeit: 6,4
Durchmesser: 36 Lichtjahre
Entfernung: 42.000 Lichtjahre

M31: Andromedanebel
Extragalaktischer Spiralnebel
Masse: 300 Milliarden Sonnen
Helligkeit: 4,8
Entfernung: 2 Millionen Lichtjahre

M45: Plejaden, Siebengestirn im Sternbild des Stiers
Besonders schöner offener Sternhaufen
Helligkeit: 1,4
Entfernung: 400 Lichtjahre

M92: Kugelsternhaufen im Sternbild des Herkules
Durchmesser: 33 Lichtjahre
Helligkeit: 6,5
Entfernung: 33.000 Lichtjahre

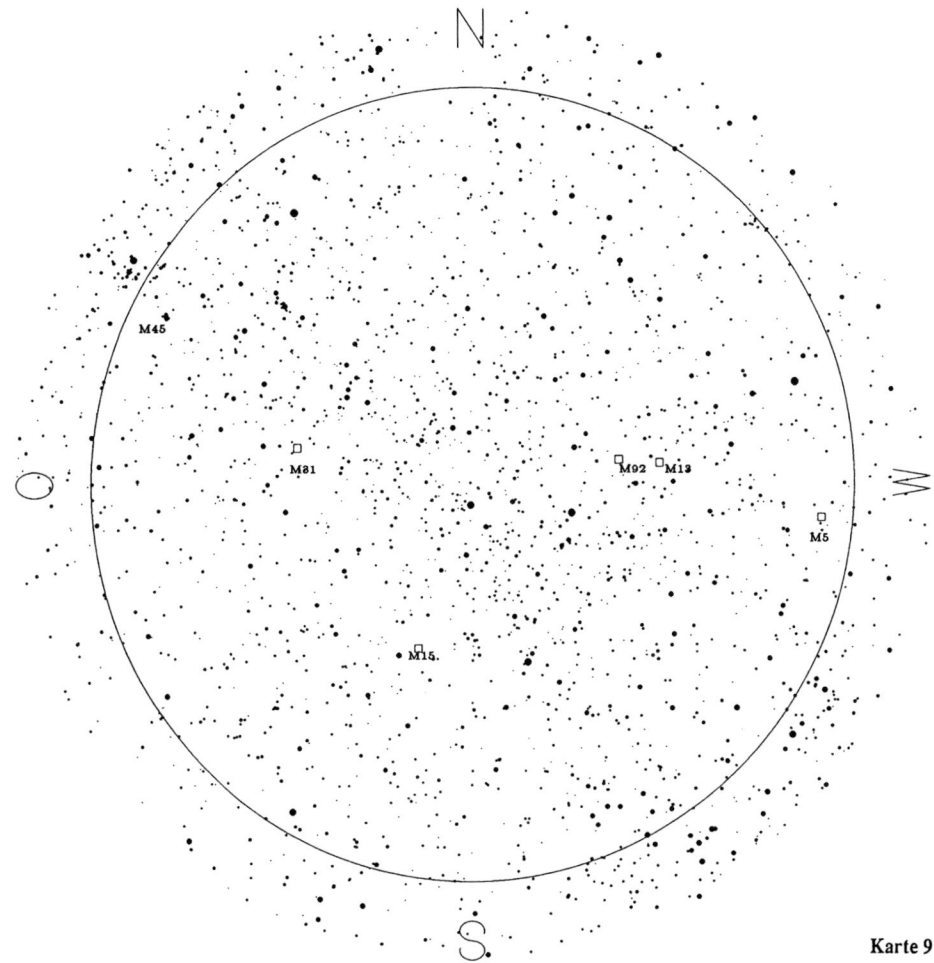

Karte 9

Objekte, die im Feldstecher erkennbar sind:

M13: Kugelsternhaufen im Sternbild des Herkules
30.000 Sterne wurden gezählt
Helligkeit: 6
Durchmesser: 36 Lichtjahre
Entfernung: 27.000 Lichtjahre

M15: Kugelsternhaufen im Sternbild des Pegasus
Helligkeit: 6,4
Durchmesser: 36 Lichtjahre
Entfernung: 42.000 Lichtjahre

M31: Andromedanebel
Extragalaktischer Spiralnebel
Masse: 300 Milliarden Sonnen
Helligkeit: 4,8
Entfernung: 2 Millionen Lichtjahre

M45: Plejaden, Siebengestirn im Sternbild des Stiers
Besonders schöner offener Sternhaufen
Helligkeit: 1,4
Entfernung: 400 Lichtjahre

M92: Kugelsternhaufen im Sternbild des Herkules
Durchmesser: 33 Lichtjahre
Helligkeit: 6,5
Entfernung: 33.000 Lichtjahre

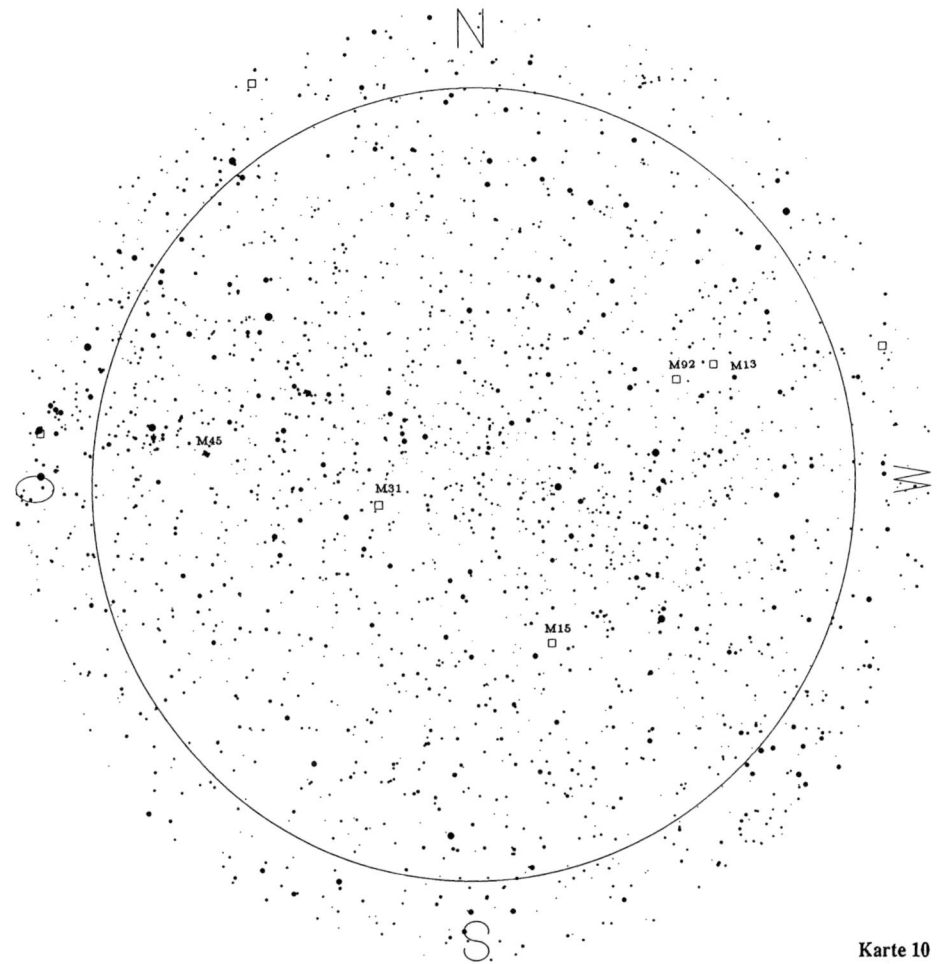

Karte 10

Objekte, die im Feldstecher erkennbar sind:

M13: Kugelsternhaufen im Sternbild des Herkules
30.000 Sterne wurden gezählt
Helligkeit: 6
Durchmesser: 36 Lichtjahre
Entfernung: 27.000 Lichtjahre

M15: Kugelsternhaufen im Sternbild des Pegasus
Helligkeit: 6,4
Durchmesser: 36 Lichtjahre
Entfernung: 42.000 Lichtjahre

M31: Andromedanebel
Extragalaktischer Spiralnebel
Masse: 300 Milliarden Sonnen
Helligkeit: 4,8
Entfernung: 2 Millionen Lichtjahre

M42: Orionnebel
Diffuser Gasnebel
Helligkeit: 5
Entfernung: 1.500 Lichtjahre

M45: Plejaden, Siebengestirn im Sternbild des Stiers
Besonders schöner offener Sternhaufen
Helligkeit: 1,4
Entfernung: 400 Lichtjahre

M92: Kugelsternhaufen im Sternbild des Herkules
Durchmesser: 33 Lichtjahre
Helligkeit: 6,5
Entfernung: 33.000 Lichtjahre

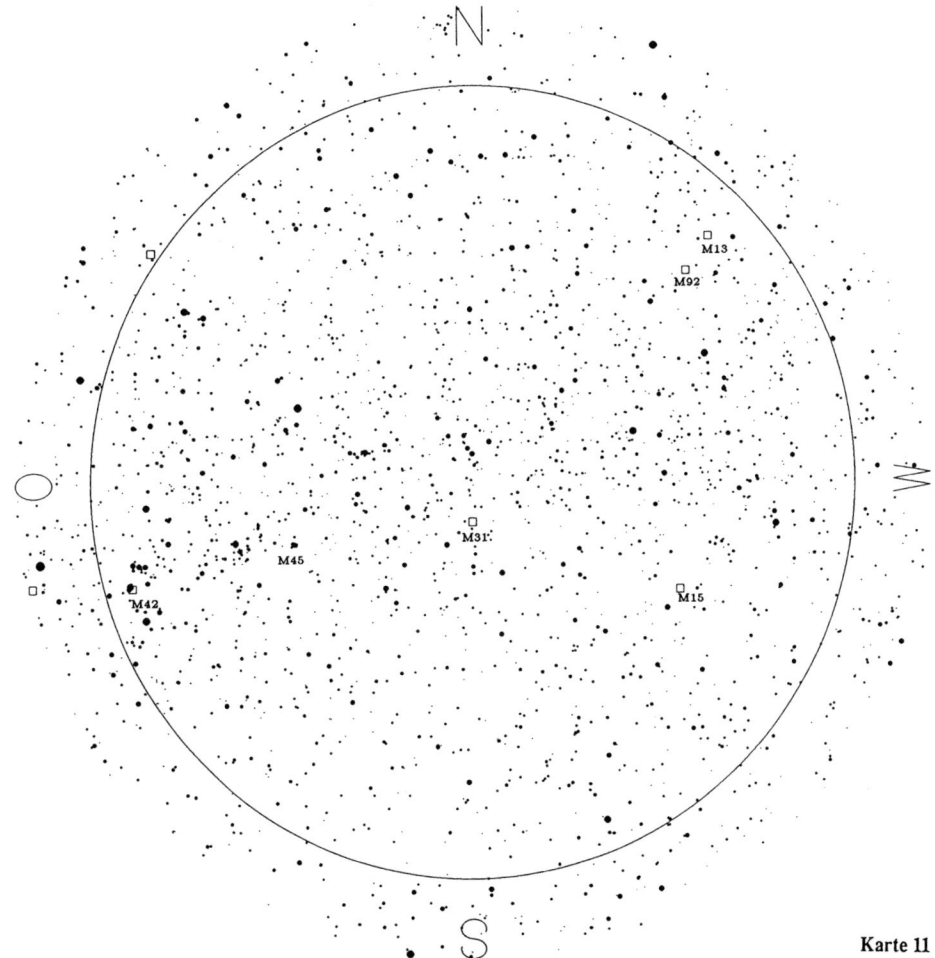

Karte 11

Objekte, die im Feldstecher erkennbar sind:

M15: Kugelsternhaufen im Sternbild des Pegasus
  Helligkeit: 6,4
  Durchmesser: 36 Lichtjahre
  Entfernung: 42.000 Lichtjahre

M31: Andromedanebel
  Extragalaktischer Spiralnebel
  Masse: 300 Milliarden Sonnen
  Helligkeit: 4,8
  Entfernung: 2 Millionen Lichtjahre

M33: Galaxie im Dreieck
  Extragalaktischer Spiralnebel
  Helligkeit: 5,8
  Entfernung: 2 Millionen Lichtjahre
  Diese Galaxie ist unter günstigen Bedingungen mit einem kleinen Instrument gerade noch zu erkennen.

M42: Orionnebel
  Diffuser Gasnebel
  Helligkeit: 5
  Entfernung: 1.500 Lichtjahre

M44: Praesepe, Krippe im Sternbild des Krebses
  Offener Sternhaufen
  Helligkeit: 3,7
  Entfernung: 500 Lichtjahre

M45: Plejaden, Siebengestirn im Sternbild des Stiers
  Besonders schöner offener Sternhaufen
  Helligkeit: 1,4
  Entfernung: 400 Lichtjahre

M92: Kugelsternhaufen im Sternbild des Herkules
  Durchmesser: 33 Lichtjahre
  Helligkeit: 6,5
  Entfernung: 33.000 Lichtjahre

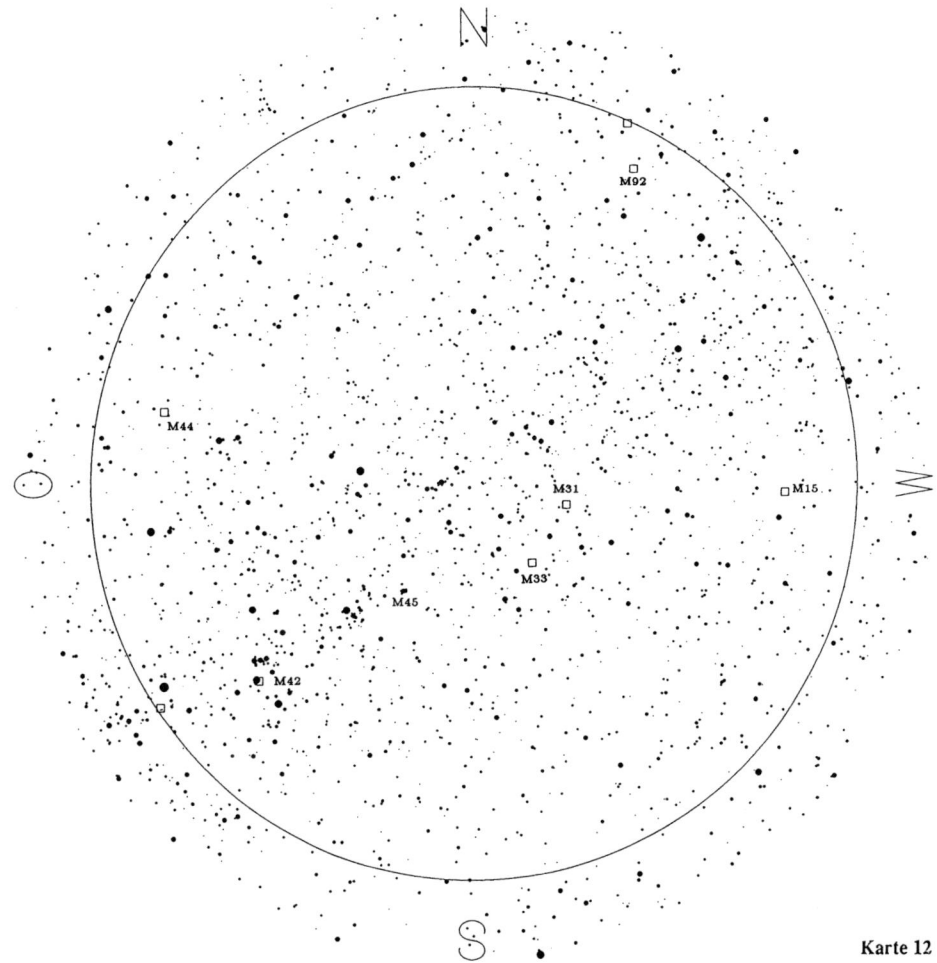

Karte 12

Nachwort und Schrifttum

Dieser Kalender ist für geographische Breiten von 50° ± 15° gerechnet worden. Die Zahlenwerte für die Fixstern- und Planetenpositionen gehen auf das Katalogwerk von BECVAR [1] bzw. auf 'Die Deutsche Ephemeride' [2] zurück. Für die Aufstellung dieser Kalenderkarten wurden etwa 25.000 Sternpositionen berechnet und dargestellt. Die Himmelskarten sind Projektionen des gesamten Himmelszeltes auf die Papierebene. Bei jeder Projektion einer Kugelfläche auf eine Ebene kommt es unvermeidlicherweise zu Verzerrungen. Bei der hier für diesen Kalender gewählten äquidistanten Azimutalprojektion erscheinen die Sternbilder, wenn sie am Horizont liegen, größer als wenn sie hoch am Himmel stehen. Solche Verzerrungen stören uns bei der Beobachtung des Himmels aber relativ wenig, weil horizontnahe Objekte infolge einer optischen Täuschung uns ohnehin größer erscheinen, wie man das beim aufgehenden Vollmond jedesmal eindrucksvoll empfindet.

Die Sternbildkonturen habe ich auf der Grundlage der Werke von THOMAS [3], SCHÜRER und SUTER [4] und BRONSART [5] gezeichnet. THOMAS, der Nestor der Astrognosie geht in seiner Darstellung wiederum auf den Almagest von PTOLEMÄUS zurück. In manchen Fällen schienen mir geringfügige Änderungen zweckmäßig zu sein, damit die Sternbilder einprägsamer werden.

Das Thema der Sternbildkunde wird ausführlich in der Monographie [6] dargestellt. In diesem Werk zeigen Karten den sichtbaren Sternenhimmel für jeden Ort der Erde und für jeden beliebigen Zeitpunkt. Detailkarten in einem einheitlich größeren Maßstab stellen die Sternbilder dar und zeigen, wie sie in der Umgebung der Nachbarsternbilder eingebettet sind. Textteile erläutern Ursprung und Entwicklung der Namen, die vielfach bis in die Anfänge unserer Kultur zurückreichen; Anmerkungen zur Mythologie tragen dem Rechnung.

[1] BECVAR, A.: Atlas of the Heavens.
    Teil 1: Atlas Coeli 1950.0
    Teil 2: Catalogue 1950.0
    Sky Publishing Corporation, Cambridge, USA 1964.

[2] Die Deutsche Ephemeride.
    Band VII: 1981 - 2000.
    Otto Wilhelm Barth Verlag, München 1981.

[3] THOMAS, O.: Atlas der Sternbilder mit figuralen Darstellungen
    von Richard Teschner.
    Bergland-Buch, Salzburg 1945.

[4] SCHÜRER, M., SUTER, H.: Erläuterungen zum Gebrauch der 'Sirius'-Sternkarte.
    Verlag der Astronomischen Gesellschaft Bern.

[5] BRONSART, H.v.: Kleine Lebensbeschreibung der Sternbilder.
    Franckh'sche Verlagshandlung, Stuttgart 1963.

[6] FASCHING, G.: Sternbilderkunde.
    Himmelskarten, Himmelskörper, Sternbilder.
    Friedr. Vieweg u. Sohn, Braunschweig/Wiesbaden 1986.

If you have any concerns about our products,
you can contact us on
ProductSafety@springernature.com

In case Publisher is established outside the EU,
the EU authorized representative is:
Springer Nature Customer Service Center GmbH
Europaplatz 3, 69115 Heidelberg, Germany

Printed by Libri Plureos GmbH
in Hamburg, Germany

MIX
Papier aus verantwortungsvollen Quellen
Paper from responsible sources
FSC® C105338